Wissenschaftliche Reihe Fahrzeugtechnik Universität Stuttgart

Reihe herausgegeben von
M. Bargende, Stuttgart, Deutschland
H.-C. Reuss, Stuttgart, Deutschland
J. Wiedemann, Stuttgart, Deutschland

Das Institut für Verbrennungsmotoren und Kraftfahrwesen (IVK) an der Universität Stuttgart erforscht, entwickelt, appliziert und erprobt, in enger Zusammenarbeit mit der Industrie, Elemente bzw. Technologien aus dem Bereich moderner Fahrzeugkonzepte. Das Institut gliedert sich in die drei Bereiche Kraftfahrwesen, Fahrzeugantriebe und Kraftfahrzeug-Mechatronik. Aufgabe dieser Bereiche ist die Ausarbeitung des Themengebietes im Prüfstandsbetrieb, in Theorie und Simulation. Schwerpunkte des Kraftfahrwesens sind hierbei die Aerodynamik, Akustik (NVH), Fahrdynamik und Fahrermodellierung, Leichtbau, Sicherheit, Kraftübertragung sowie Energie und Thermomanagement – auch in Verbindung mit hybriden und batterieelektrischen Fahrzeugkonzepten.

Der Bereich Fahrzeugantriebe widmet sich den Themen Brennverfahrensentwicklung einschließlich Regelungs- und Steuerungskonzeptionen bei zugleich minimierten Emissionen, komplexe Abgasnachbehandlung, Aufladesysteme und -strategien, Hybridsysteme und Betriebsstrategien sowie mechanisch-akustischen Fragestellungen.

Themen der Kraftfahrzeug-Mechatronik sind die Antriebsstrangregelung/Hybride, Elektromobilität, Bordnetz und Energiemanagement, Funktions- und Softwareentwicklung sowie Test und Diagnose.

Die Erfüllung dieser Aufgaben wird prüfstandsseitig neben vielem anderen unterstützt durch 19 Motorenprüfstände, zwei Rollenprüfstände, einen 1:1-Fahrsimulator, einen Antriebsstrangprüfstand, einen Thermowindkanal sowie einen 1:1-Aeroakustikwindkanal.

Die wissenschaftliche Reihe „Fahrzeugtechnik Universität Stuttgart" präsentiert über die am Institut entstandenen Promotionen die hervorragenden Arbeitsergebnisse der Forschungstätigkeiten am IVK.

Reihe herausgegeben von

Prof. Dr.-Ing. Michael Bargende
Lehrstuhl Fahrzeugantriebe,
Institut für Verbrennungsmotoren und
Kraftfahrwesen, Universität Stuttgart
Stuttgart, Deutschland

Prof. Dr.-Ing. Jochen Wiedemann
Lehrstuhl Kraftfahrwesen,
Institut für Verbrennungsmotoren und
Kraftfahrwesen, Universität Stuttgart
Stuttgart, Deutschland

Prof. Dr.-Ing. Hans-Christian Reuss
Lehrstuhl Kraftfahrzeugmechatronik,
Institut für Verbrennungsmotoren und
Kraftfahrwesen, Universität Stuttgart
Stuttgart, Deutschland

Weitere Bände in der Reihe http://www.springer.com/series/13535

Daniel Stoll

Ein Beitrag zur Untersuchung der aerodynamischen Eigenschaften von Fahrzeugen unter böigem Seitenwind

 Springer Vieweg

Daniel Stoll
Stuttgart, Deutschland

Zugl.: Dissertation Universität Stuttgart, 2017

D93

Wissenschaftliche Reihe Fahrzeugtechnik Universität Stuttgart
ISBN 978-3-658-21544-6   ISBN 978-3-658-21545-3   (eBook)
https://doi.org/10.1007/978-3-658-21545-3

Die Deutsche Nationalbibliothek verzeichnet diese Publikation in der Deutschen National-
bibliografie; detaillierte bibliografische Daten sind im Internet über http://dnb.d-nb.de abrufbar.

Springer Vieweg
© Springer Fachmedien Wiesbaden GmbH, ein Teil von Springer Nature 2018

Gedruckt auf säurefreiem und chlorfrei gebleichtem Papier

Springer Vieweg ist ein Imprint der eingetragenen Gesellschaft Springer Fachmedien Wiesbaden
GmbH und ist ein Teil von Springer Nature
Die Anschrift der Gesellschaft ist: Abraham-Lincoln-Str. 46, 65189 Wiesbaden, Germany

Vorwort

Die vorliegende Arbeit entstand während meiner Zeit als wissenschaftlicher Mitarbeiter am Forschungsinstitut für Kraftfahrwesen und Fahrzeugmotoren Stuttgart (FKFS).

Mein besonderer Dank gilt meinem Doktorvater, Herrn Prof. Dr.-Ing. Jochen Wiedemann, für die Übernahme des Hauptberichts. Sein großes Interesse an meiner Arbeit, die Bereitschaft, mich jederzeit bei der Lösung aller auftretenden Probleme und Fragen zu unterstützen, und die daraus entstehenden vielen interessanten Diskussionen haben zum Gelingen dieser Dissertation maßgeblich beigetragen.

Ebenso möchte ich mich bei Herrn apl. Prof. Dr.-Ing. habil. Michael Hanss für die Übernahme des Mitberichts und die damit verbundenen Mühen sowie seine wertvollen Anmerkungen bedanken.

Herrn Dr.-Ing. Timo Kuthada und Herrn Dipl.-Ing. Nils Widdecke möchte ich herzlichst für die Unterstützung während meiner Zeit am FKFS danken.

Bei allen Kollegen des IVK/FKFS möchte ich mich für das freundschaftliche und positive Arbeitsklima bedanken. Ihr alle habt einen wesentlichen Teil zum Gelingen dieser Arbeit beigetragen.

Speziell möchte ich mich auch für die Unterstützung der HIWIs und Studenten Holger Gauch, Marcel Schmolz, Sasa Milojevic und Dennis Weidner bedanken. Besonderer Dank gilt auch Herrn Korbinian Käufl vom Rennteam der Universität Stuttgart, der einen wesentlichen Beitrag bei der Fertigung der Flügel gleistet hat, und durch sein Expertenwissen im Bereich der Faserverbundwerkstoffe wesentlich zum Gelingen der Umsetzung des Systems zur Böenerzeugung im Modellwindkanal beigetragen hat.

Nicht zuletzt möchte ich mich bei meiner Familie und insbesondere bei meiner Freundin Marielle für ihren unermüdlichen Beistand und für das Korrekturlesen dieser Arbeit von Herzen bedanken.

Daniel Stoll

Inhaltsverzeichnis

Vorwort V

Formelzeichen XI

Abkürzungen XV

Zusammenfassung XVII

Abstract XXV

1 Einleitung **1**

2 Grundlagen und Stand der Technik **3**

   2.1 Grundlagen 3

      2.1.1 Aerodynamische Beiwerte 3

      2.1.2 Aerodynamische Ähnlichkeitszahlen 7

      2.1.3 Statistische Beschreibung und lineare Übertragung
           stationärer Zufallsprozesse 8

      2.1.4 Windverhältnisse und Strömungssituation auf der
           Straße 15

      2.1.5 Reaktion eines Fahrzeugs auf Windanregung 21

      2.1.6 Windkanal-Interferenzeffekte 26

   2.2 Stand der Technik 39

3 Aerodynamische Entwicklungswerkzeuge **57**

   3.1 Der Modellwindkanal der Universität Stuttgart (MWK) 57

      3.1.1 Modellwaage 60

      3.1.2 Druckmesstechnik 63

      3.1.3 Cobra-Sonde 64

3.2   Fahrzeugmodelle..65

        3.2.1   SAE Referenzmodelle..65

        3.2.2   DrivAer Modell...66

3.3   Numerische Strömungssimulation (CFD)....................................68

        3.3.1   Simulationssoftware EXA PowerFLOW®.......................68

        3.3.2   Randbedingungen der Simulation.....................................69

        3.3.3   Digitales Modell des Modellwindkanals (DMWK)........71

        3.3.4   Simulationsumgebung ohne Windkanal-
                Interferenzeffekte (DWT)...72

**4   Auslegung eines aktiven Systems zur Böenerzeugung
      im Windkanal 75**

4.1   Anforderungen an das Strömungsfeld..75

4.2   Auslegung des aktiven Systems zur Böenerzeugung....................76

4.3   Eigenschaften des Strömungsfelds...80

**5   Experimentelle Untersuchungen an den 20 % und
      25 % SAE Modellen 85**

5.1   Ergebnisse unter stationären Anströmbedingungen......................86

5.2   Ergebnisse unter instationären Anströmbedingungen...................88

**6   Untersuchungen zum Übertragungsverhalten des
      Windkanalstrahls 101**

6.1   Übertragungsverhalten im MWK...104

6.2   Übertragungsverhalten im DMWK und DWT..............................110

6.3   Untersuchungen zur Beeinflussung des
        Übertragungsverhaltens des Windkanalstrahls............................113

        6.3.1   Experimentelle Untersuchungen im MWK....................114

        6.3.2   Numerische Untersuchungen im DMWK.......................116

7   Untersuchungen am DrivAer Stufenheckmodell in unterschiedlichen Versuchsumgebungen 121

7.1   Ergebnisse unter stationären Anströmbedingungen 122

7.2   Ergebnisse unter instationären Anströmbedingungen 124

7.3   Übertragbarkeit zwischen dem 20 % und 25 % Modellmaßstab 129

7.4   Beeinflussung der Fahrzeugreaktion durch aerodynamische Maßnahmen 133

      7.4.1   Untersuchungen im MWK und DWT 134

      7.4.2   Numerische Untersuchungen im DWT 138

8   Schlussfolgerungen und Ausblick 143

Literaturverzeichnis 149

Anhang 159

A.1   Optimiertes Flügelprofil 159

A.2   Übertragungsverhalten des 20 % SAE Stufenheckmodells für verschiedene Anströmbedingungen 160

A.3   Übertragungsverhalten auf den Seitenflächen des SAE Vollheckmodells 161

A.4   Übertragungsverhalten des DrivAer Vollheckmodells 162

A.5   Druckmessstellen auf den SAE Referenzmodellen 163

Formelzeichen

A_x	m²	Stirnfläche in x-Richtung
A_N	m²	Düsenfläche
c	m/s	Schallgeschwindigkeit
c_A	-	Auftriebsbeiwert
c_{Ah}	-	Auftriebsbeiwert an der Hinterachse
c_{Av}	-	Auftriebsbeiwert an der Vorderachse
c_L	-	Rollmomentbeiwert
c_M	-	Nickmomentbeiwert
c_N	-	Giermomentbeiwert
c_p	-	Druckbeiwert
$c_{p,rms}$	%	Druckschwankungskoeffizient
c_S	-	Seitenkraftbeiwert
c_{Sh}	-	Seitenkraftbeiwert an der Hinterachse
c_{Sv}	-	Seitenkraftbeiwert an der Vorderachse
c_W	-	Luftwiderstandsbeiwert
d	m	Abstand zwischen benachbarten Flügelpaaren
d_h	m	hydraulischer Düsendurchmesser
$dc/d\beta$	1/°	stationärer Gradient
f	Hz	Frequenz
f_E	Hz	Frequenz der Edgetone-Rückkopplung
f_{HR}	Hz	Plenum-Helmholtz-Resonanz
f_R	Hz	Rohrresonanz der Windkanalröhre
f_S	Hz	Abtastfrequenz
f_W	Hz	Wirbelablösefrequenz

f_n	Hz	Eigenfrequenz der Raummoden
F_A	N	Auftriebskraft
F_S	N	Seitenkraft
F_T	N	Tangentialkraft
F_W	N	Luftwiderstandskraft
$H_a(f)$	1/°	aerodynamische Übertragungsfunktion
$H_{\alpha\beta}(f)$	-	Übertragungsfunktion zwischen Flügelwinkel α und Strömungswinkel β
T_f	s	Fensterlänge der FFT, Zeitfenster
Tu_i	%	Turbulenzgrad ($i = u, v, w$)
l_{Fzg}	m	Fahrzeuglänge
$l_{x,y,z}$	m	Abmessungen des Plenums
l_0	m	Radstand
l_c	m	Profilsehnenlänge
l_{HR}	m	Länge der Luftsäule des Helmholtz-Resonators
l_{TS}	m	Länge der Messstrecke
L_i	m	integrales Längenmaß ($i = u, v, w$)
$m_{x,y,z}$	-	Ordnung der Raummoden im Plenum
m_E	-	Ordnung der Edgetone-Mode
m_R	-	Ordnung der Rohrmode
M_x	Nm	Rollmoment
M_y	Nm	Nickmoment
M_z	Nm	Giermoment
p	Pa	Druck
p_∞	Pa	Druck der ungestörten Anströmung
q_∞	Pa	dynamischer Druck, Staudruck
r_{HR}	m	Radius des Resonatorhalses
Re	-	Reynoldszahl

R_{con}	-	Konvektionsrate
$R_{xx}(\tau)$		Autokorrelationsfunktion
$R_{xy}(\tau)$		Kreuzkorrelationsfunktion
s	m	Spurbreite
Sr	-	Strouhalzahl
$S_{ii}(f)$		Autoleistungsdichtespektren der Geschwindigkeits-komponenten in Koordinatenrichtungen ($i = u, v, w$)
$S_{xx}(f)$		Autoleistungsdichtespektrum
$S_{c_S, c_N}(f)$		Autoleistungsdichtespektrum des Seitenkraftbeiwerts bzw. Giermomentbeiwerts
$S_\alpha(f)$		Autoleistungsdichtespektrum des Flügelwinkels
$S_\beta(f)$		Autoleistungsdichtespektrum der Windanregung bzw. des Strömungswinkels
$S_{xy}(f)$		Kreuzleistungsdichtespektrum
$S_{\alpha\beta}(f)$		Kreuzleistungsdichtespektrum zwischen Flügelwinkel und Strömungswinkel
$S_{\beta c_{S,N}}(f)$		Kreuzleistungsdichtespektrum zwischen Wind-anregung und Seitenkraft- bzw. Giermomentbeiwert
t	s	Zeit
u, v, w	m/s	Geschwindigkeitskomponenten in Koordinaten-richtungen
U_N	m	Umfang der Düse
v_{Fzg}	m/s	Fahrzeuggeschwindigkeit
v_{Wind}	m/s	Windgeschwindigkeit
v_∞	m/s	Anströmgeschwindigkeit
v_Θ	m/s	Phasengeschwindigkeit
V_P	m³	Volumen des Plenums
x_d	m	Abstand zur Düsenaustrittsebene
x_s	m	Abstand zur Drehachse der Flügel
$X_a(f)$	-	Aerodynamische Admittanz

α	°	Anstellwinkel, Flügelwinkel
β	°	horizontaler Strömungswinkel, Anströmwinkel bzgl. der Fahrzeuglängsachse
$\gamma_{xy}^2(f)$	-	Kohärenz
$\gamma_{\alpha\beta}^2(f)$	-	Kohärenz zwischen Flügelwinkel und Strömungs-winkel
$\gamma_{\beta S,N}^2(f)$	-	Kohärenz zwischen Windanregung und resultierender Seitenkraft bzw. Giermoment
ν	m²/s	kinematische Viskosität
$\Theta_{xy}(f)$	°	Phasenwinkel
ρ	kg/m³	Luftdichte
σ		Standardabweichung
σ^2		Varianz
τ	s	Zeitverschiebung
φ	°	Windwinkel
φ_{ii}	-	Korrelationskoeffizient $(i = u, v, w)$

Abkürzungen

CAD	Computer Aided Design
CFD	Computational Fluid Dynamics
DMWK	Digitales Modell des Modellwindkanals
DWT	Digitaler Windkanal, Box ohne Interferenzeffekte
ESDU	Engineering Sciences Data Unit
EXA	EXA Corporation
FFT	Fast Fourier Transformation
FKFS	Forschungsinstitut für Kraftfahrwesen und Fahrzeugmotoren Stuttgart
FKFS *swing*®	Side Wind Generator
IVK	Institut für Verbrennungsmotoren und Kraftfahrwesen
KBS	Konventionelle Bodensimulation
Kfz	Kraftfahrzeug
MWK	Modellwindkanal
NACA	National Advisory Committee for Aeronautics
NI	National Instruments
OASPL	Overall Sound Pressure Level
Pkw	Personenkraftwagen
RMS	Root Mean Square
RSO	Road Side Obstacles
SAE	Society of Automotive Engineers
SFS	Straßenfahrtsimulation
TFI	Turbulent Flow Instrumentation
TGS	Turbulence Generation System
VR	Variable Resolution

Zusammenfassung

Die aerodynamische Fahrzeugentwicklung erfolgt heute üblicherweise im Windkanal unter konstanten, gleichförmigen und turbulenzarmen Anströmbedingungen. Dabei gewinnt neben dem Windkanalversuch auch die numerische Strömungssimulation CFD (Computational Fluid Dynamics) zunehmend an Bedeutung. Windkanal und CFD ergänzen einander und helfen – schon in einem frühen Stadium der Fahrzeugentwicklung – grundlegende Strömungsphänomene besser zu verstehen und zu durchdringen.

Zur Beurteilung der Seitenwindempfindlichkeit eines Fahrzeugs wird dieses sowohl im Windkanal als auch in der CFD relativ zur turbulenzarmen Anströmung gedreht, um so einen stationären Anströmwinkel zu realisieren. Die zur Beurteilung herangezogenen Kräfte werden über einen bestimmten Zeitraum gemessen und gemittelt. Nicht berücksichtigt werden die Böigkeit des natürlichen Winds und die – auch schon bei stationärer Anströmung durch Ablösung am Heck – entstehenden instationären Kräfte und Momente. Nach dem Stand der Technik ist allerdings davon auszugehen, dass die üblicherweise verwendete quasi-stationäre Betrachtung, die von einer frequenzunabhängigen Abhängigkeit zwischen Windanregung und Kräften ausgeht, zur Beschreibung des instationären Verhaltens im für die Fahrdynamik relevanten Frequenzbereich nicht ausreicht.

Um die Nachteile des stationären Ansatzes im Windkanal zu umgehen und eine Quantifizierung des instationären Verhaltens eines Fahrzeugs unter böigem Seitenwind zu ermöglichen, wurde von Schröck [1] am IVK/FKFS eine Methode zur Beurteilung der instationären Fahrzeugreaktion unter böigem Seitenwind entwickelt. Diese Methode beinhaltet die Reproduktion der Böigkeit des natürlichen Winds im Windkanal sowie die Ermittlung der am Fahrzeug resultierenden Kräfte und Momente. Dabei wird die instationäre aerodynamische Reaktion des Fahrzeugs auf Seitenwindanregung im systemtheoretischen Sinne als Ein-/ Ausgangssystem beschrieben. Im Unterschied zu dem üblicherweise verwendeten quasi-stationären Ansatz wird ein kausaler Zusammenhang zwischen Windanregung und Reaktion hergestellt, der mit Hilfe der Kohärenz auf seine Gültigkeit überprüft werden kann. Die Beschreibung der Modellreaktion erfolgt über die aerodynamische Admittanz und die aerodynamische Übertragungsfunktion.

In der vorliegenden Arbeit werden, aufbauend auf der von Schröck entwickelten Methode, die aerodynamischen Eigenschaften von Fahrzeugen unter böigem Seitenwind sowie der Einfluss der Windkanalumgebung auf die ermittelten instationären Kräfte und Momente anhand experimenteller und korrespondierender, numerischer Methoden untersucht.

Zur Darstellung der wesentlichen Eigenschaften von starkem böigen Seitenwind in der Messstrecke des Modellwindkanals der Universität Stuttgart (MWK) wurde ein aktives System zur Böenerzeugung entwickelt, mit dem der Windkanalstrahl gezielt seitlich ausgelenkt werden kann. Die Strömungsauslenkung erfolgt dynamisch durch sechs vertikal am Düsenaustritt angeordnete Flügelprofile. Das erzeugte Strömungsfeld beinhaltet die für die Fahrdynamik relevanten auf der Straße bei starkem böigem Wind vorherrschenden Eigenschaften. Kleinskalige turbulente Strukturen und vertikale Komponenten werden nicht reproduziert. In einer Ebene direkt hinter den Flügeln wird ein quer zur Hauptströmungsrichtung kohärentes Strömungsfeld erzeugt, das durch einen einzigen Messpunkt beschrieben werden kann. Es wird daher davon ausgegangen, dass das gesamte Strömungsfeld durch einen einzigen Systemeingang abgebildet werden kann und ein einziger Messpunkt vor dem Fahrzeug ausreicht, um die Windanregung zu beschreiben. Die im Folgenden dargestellten Ergebnisse werden jedoch zeigen, dass dieser Ansatz in einem Windkanal mit offener Messstrecke nicht angewendet werden kann.

Entsprechend der experimentellen Versuchsumgebung des MWK wurde ein digitales Simulationsmodell des Modellwindkanals (DMWK) aufgebaut. Dieses Modell beinhaltet die komplette Windkanalgeometrie von der Düsenvorkammer bis zum Diffusor. Zur dynamischen Strömungsauslenkung wird das aktive System zur Böenerzeugung abgebildet. Außerdem wurde eine Simulationsumgebung ohne Windkanal-Interferenzeffekte (DWT, Digital

Wind Tunnel) vorgestellt, die eine Untersuchung des Fahrzeugverhaltens ohne die in einem Windkanal mit offener Messstrecke bekannten Interferenzeffekte ermöglicht.

Um ein grundsätzliches Verständnis über die Auswirkungen des gewählten Ansatzes auf die aerodynamischen Eigenschaften unterschiedlicher Modellmaßstäbe und Fahrzeugformen zu bekommen, wurden das SAE Stufen- und Vollheckmodell jeweils im 20 % und 25 % Maßstab im MWK untersucht und miteinander verglichen. Der Vergleich unter stationären Anströmbedingungen hat gezeigt, dass eine gute Übertragbarkeit der aerodynamischen Fahrzeugeigenschaften zwischen den untersuchten Modellmaßstäben gegeben ist. Das Fahrzeugverhalten unter stationären Anströmbedingungen ist für das jeweilige Stufen- und Vollheckmodell nahezu identisch. Beim Stufenheckmodell nimmt im Vergleich zum Vollheckmodell der stationäre Gradient der Seitenkraft deutlich kleinere, und der stationäre Gradient des Giermoments deutlich größere Werte an. Die Überprüfung der Kausalität zwischen Windanregung und Modellreaktion mit der Kohärenzfunktion zeigt, dass unter instationären Anströmbedingungen ein eindeutiger Zusammenhang zwischen der an einem Punkt vor dem Fahrzeug erfassten Windanregung und der resultierenden Modellreaktion besteht. Dies lässt den Schluss zu, dass die Fahrzeugreaktion der an dem Messpunkt vor dem Fahrzeug erfassten Windanregung zuzuschreiben ist und sowohl die Admittanz wie auch die Übertragungsfunktion zur Beschreibung der instationären aerodynamischen Fahrzeugeigenschaften herangezogen werden kann. Anders als zu erwarten, ist jedoch eine vom Maßstab abhängige Überhöhung der instationären Kräfte und Momente zu beobachten. Außerdem verschiebt sich das Maximum der Überhöhung beim größeren Modellmaßstab zu einer höheren dimensionslosen Frequenz. Dabei zeigt vor allem die Amplitude des Giermoments bei den 25 % Modellen eine stärker ausgeprägte Überhöhung als dies bei den entsprechenden 20 % Modellen der Fall ist. Das instationäre Giermoment der Vollheckmodelle ist dabei größer als das der im Maßstab identischen Stufenheckmodelle. Die Analyse der Druckverteilung auf den Seitenflächen zeigt, dass der gefundene Einfluss vor allem im hinteren Bereich der Modelle festzustellen ist. Beim größeren Modell resultieren hier größere Druckamplituden sowie ein zeitlicher Bezug der in einem deutlich stärkeren Anstieg des Giermoments resultiert. Dieses Verhalten ist auf eine Veränderung des Strömungsfelds entlang der Fahrzeuglängsachse zurückzuführen. Die an einem Punkt vor dem Fahrzeug erfasste Eingangsgröße enthält die komplette Information der Anregung, die resultierende Fahrzeugreaktion ist aber nicht ausschließlich auf das aerodynaische Übertragungsverhalten des Fahrzeugs zurückzuführen. Das mit dem gewählten Ansatz ermittelte aerodynamische Übertragungsverhalten ist von einem zusätzlichen von der Fahrzeugumströmung unabhängigen Übertragungsverhalten überlagert.

Um den nicht von der Fahrzeugform stammenden Einfluss auf das ermittelte Übertragungsverhalten zu beschreiben, wird ein Ansatz vorgestellt, der den Windkanalstrahl mit Methoden der linearen, zeitinvarianten Systemtheorie beschreibt. Dazu wird die Windanregung und die Reaktion des Strömungsfelds in der leeren Messstrecke des Windkanals durch eine Ein-/ Ausgangsbeziehung verknüpft. Der Flügelwinkel des aktiven Systems zur Böenerzeugung wird als die Eingangsgröße und der resultierende Strömungswinkel in der leeren Messstrecke als die Ausgangsgröße zur Bestimmung des Systemverhaltens herangezogen. Dies ermöglicht eine Beschreibung der instationären Eigenschaften des Windkanalstrahls und stellt eine entscheidende Erweiterung zu den aus dem Stand der Technik bekannten Methoden zur Beschreibung der instationären Eigenschaften des Strömungsfelds dar. Um die räumlichen Eigenschaften des Windkanalstrahls zu quantifizieren, wurden Messungen an repräsentativen Positionen in der leeren Messstrecke des Modellwindkanals durchgeführt. Dadurch konnte gezeigt werden, dass der Windkanalstrahl selbst ein dynamisches Verhalten aufweist, das mit Hilfe der Übertragungsfunktion zwischen dem Flügelwinkel des dynamischen Systems zur Strömungsauslenkung und dem im der leeren Messstrecke resultierenden Strömungswinkel beschrieben werden kann. Dieses Verhalten ist auf die bei dynamischer Auslenkung des Windkanalstrahls verursachte Anfachung der Kelvin-Helmholtz-Instabilität in der Scherschicht zurückzuführen. Die sich in der Scherschicht ausbildenden großskaligen Wirbelstrukturen erzeugen im Strahlkern eine Querkomponente, die abhängig von der Frequenz zu einer Überhöhung oder Dämpfung des resultierenden Strömungswinkels sowie zu einer zeitlichen Verzögerung der Ausbreitungsgeschwindigkeit der erzeugten Wellen führt. Im relevanten Frequenzbereich ist eine mit zunehmendem Abstand zur Düse stark ausgeprägte Überhöhung der resultierenden Amplitude des Strömungswinkels festzustellen. In der numerischen Versuchsumgebung des DMWK konnte ein entsprechendes Verhalten bestimmt werden.

Um den Einfluss der in einem Windkanal vorhandenen geometrischen Randbedingungen auf das Übertragungsverhalten des Windkanalstrahls zu untersuchen, wurden sowohl Windkanalversuche als auch CFD-Simulationen mit unterschiedlichen geometrischen Randbedingungen durchgeführt. Durch die gezielte Veränderung geometrischer Parameter konnte ausgeschlossen werden, dass die Messergebnisse durch die in einem Windkanal mit offener Messstrecke und geschlossener Luftrückführung bekannten Resonanzphänomene verfälscht werden. Das Übertragungsverhalten ist demnach ausschließlich auf die in der Scherschicht vorherrschenden Wirbelstrukturen zurückzuführen. In der numerischen Versuchsumgebung des DWT hingegen ist dieses Verhalten nicht zu beobachten. Die vorgegebenen Strömungswinkel breiten sich ohne jegliche zeitliche Verzögerung oder räumliche Anfachung oder Abschwächung aus. Dies entspricht in guter Näherung einem unendlich ausgedehnten Strömungsfeld und ermöglicht deshalb die Untersuchung des aerodynamischen Übertragungsverhaltens eines Fahrzeugs ohne Einflüsse, die nicht dem Fahrzeug selbst zuzuschreiben sind.

Mit den vorgestellten Versuchsumgebungen wurde das instationäre aerodynamische Übertragungsverhalten des DrivAer Stufenheckmodells untersucht. Zunächst wurde das 25 % Stufenheckmodell unter stationären Anströmbedingungen in den einzelnen Versuchsumgebungen betrachtet. Die aus den stationären Gierwinkelreihen ermittelten Gradienten der Seitenkraft und des Giermoments sind in guter Übereinstimmung. Ausgehend von der Analyse unter stationären Bedingungen, wurde das instationäre aerodynamische Übertragungsverhalten unter Windanregung in den betrachteten Versuchsumgebungen untersucht. Die ermittelten instationären aerodynamischen Fahrzeugeigenschaften der DMWK-Simulation sind in guter Übereinstimmung mit dem Experiment. Die Übertragungsfunktion der Seitenkraft und des Giermoments der DWT-Simulation zeigt ein anderes Übertragungsverhalten. Im Vergleich zu den Ergebnissen des MWK und DMWK kann im DWT keine Überhöhung der instationären Seitenkraft gegenüber dem Stationärwert festgestellt werden. Das instationäre Giermoment im MWK und DMWK zeigt eine relative Überhöhung des Giermoments von 60 % gegenüber dem Stationärwert. Das instationäre Giermoment der DWT-Simulation hingegen zeigt eine Überhöhung des instationären Giermoments von bis zu 70 % gegenüber dem Stationärwert. Im DWT tritt die Überhöhung zudem in einem Frequenzbereich auf, der für die Regeltätigkeit des Fahrers besonders relevant ist und damit sein Komfort- und Sicherheitsempfinden beeinflusst. Das Übertragungsverhalten des Windkanalstrahls führt zu einer Fahrzeugreaktion, die sich von der in einem Freifeld zu erwartenden unterscheidet. Die Ergebnisse zeigen auch, dass in der Versuchsumgebung des DWT – im Gegensatz zur Versuchsumgebung des MWK und DMWK – eine quasi identische Übertragbarkeit der instationären aerodynamischen Fahrzeugeigenschaften zwischen den betrachteten Modellmaßstäben (20 % und 25 %) gegeben ist.

Außerdem wurde untersucht, ob unter dem Einfluss des Übertragungsverhaltens des Windkanalstrahls aerodynamische Maßnahmen, die die Fahrzeugeigenschaften günstig beeinflussen – das heißt insbesondere das Giermoment reduzieren – abgeleitet werden können. Dazu wurden aerodynamische Maßnahmen zur gezielten Beeinflussung der aerodynamischen Fahrzeugeigenschaften vorgestellt. Es konnte gezeigt werden, dass aerodynamische Maßnahmen existieren, die bei einer rein stationären Betrachtung das Giermoment reduzieren, jedoch deutlich unterschiedliche Amplituden des instationären Giermoments – im in einem für das System Fahrer-Fahrzeug relevanten Frequenzbereich – aufweisen. Zum einen ist die Beschreibung der Wirkungsweise dieser aerodynamischen Maßnahmen unter stationären Bedingungen falsch, ihr Potential kann nur im Frequenzbereich quantifiziert werden. Zum anderen fällt die Wirksamkeit je nach Versuchsumgebung anders aus. Im Vergleich zum Ausgangsmodell konnte das instationäre Giermoment – in der Versuchsumgebung des DWT – durch Abrisskanten am Heck des Stufenheckmodells im für die Fahrdynamik relevanten Frequenzbereich um bis zu 30 % reduziert werden. In der Versuchsumgebung des DMWK und DWT reduzieren die Abrisskanten das instationäre Giermoment im gleichen Frequenzbereich – im Vergleich zum Ausgangsmodell – nur um maximal 10 %. Das Verhalten dieser Maßnahme kann daher letztendlich nur in der Versuchsumgebung des DWT bewertet werden.

Durch den vorgestellten Ansatz zur Beschreibung der instationären Eigenschaften des Strömungsfelds konnte ein grundlegendes Verständnis über die auftretenden Phänomene bei der dynamischen Auslenkung eines Windkanalstrahls geschaffen werden. Die detaillierte Betrachtung unterschiedlicher Fahrzeugformen und Modellmaßstäbe gibt Aufschluss über die vorhandene Wechselwirkung des dynamischen Strahlverhaltens mit der Fahrzeugreaktion sowie die Größenordnung des zu erwartenden Einflusses. Erstmals wird ein validiertes Simulationsmodell der instationären aerodynamischen Eigenschaften des DrivAer Fahrzeugmodells sowie des Modellwindkanals vorgestellt. Mit der Simulationsumgebung ohne Interferenzeffekte ist es möglich, das aerodynamische Übertragungsverhalten eines Fahrzeugs ohne äußere Einflüsse zu bestimmen. Dadurch kann schon in einem frühen Stadium der Fahrzeugentwicklung eine Aussage über die instationären aerodynamischen Kräfte und Momente unter Seitenwindanregung getroffen und ein entscheidender Beitrag zur zukünftigen Entwicklung instationärer aerodynamischer Fahrzeugeigenschaften geliefert werden.

Abstract

The aerodynamic properties of a vehicle are usually determined in a wind tunnel which simulates a steady state low turbulence environment. In addition to wind tunnel tests, computational fluid dynamics (CFD) simulations are becoming increasingly important. Wind tunnel and CFD complement each other and enhance – especially in an early stage of the development process – the understanding of the underlying aerodynamic mechanisms and optimization of the vehicle.

The commonly used approach to determine the side wind sensitivity of a vehicle is based on performing a steady state yaw sweep, both in the wind tunnel and CFD. There, a stationary yaw angle is adjusted by rotating the vehicle around its vertical axis relative to the oncoming flow. The gustiness that is inherent in natural wind, as well as the unsteady forces and moments acting on the vehicle – which can already be present in a low turbulence environment due to vortex shedding at the rear of the vehicle – are not considered. According to the state of the art, however, it can be assumed that the commonly used steady state approach, which presumes a frequency-independent proportionality between wind excitation and forces, is not sufficient for describing the unsteady vehicle behavior in a frequency range relevant to driving dynamics.

In order to overcome the shortcomings of the above described steady state approach in the wind tunnel and to allow a quantification of the unsteady aerodynamic response of a vehicle to a crosswind excitation, a method was developed at the IVK/FKFS by Schröck [1]. The method consists of the reproduction of the properties of natural stochastic crosswind in the wind tunnel test section and the measurement of the resulting unsteady forces and moments acting on the vehicle. Based on linear system theory, the vehicle is defined as an input-output system with the wind excitation as the input and force or moment as the output of the system. In contrast to the commonly used quasi-steady approach, a causal relationship between crosswind excitation and vehicle response is defined. Its validity can be verified with the coherence function. The unsteady aerodynamic vehicle response is described using aerodynamic admittance and transfer functions for side force and yawing moment.

In this work, following the method introduced by Schröck, the aerodynamic properties of vehicles under crosswind excitation as well as the influence of the wind tunnel environment on the resulting unsteady aerodynamic forces and moments are investigated using experimental and corresponding numerical methods.

To reproduce the essential properties of strong gusty crosswind in the test section of the model scale wind tunnel of the University of Stuttgart (MWK), an active airfoil gust generation system was developed, which dynamically deflects the wind tunnel jet in lateral direction. The system consists of six airfoils vertically spanning the nozzle of the MWK. A distinct airfoil design based on the series of the NACA0015 airfoils was developed. The airfoil spacing was adjusted in order to avoid flow separation. The resulting flow field recreates the properties of strong gusty crosswind that are essential to simulate a flow situation which reproduces the unsteady aerodynamic vehicle response contributing to straight line stability. Effects of locally existing flow structures are neglected. Furthermore, a twisted yaw profile in vertical direction caused by boundary layer effects is not reproduced. At a cross section directly behind the active airfoil gust generation system the flow field is fully coherent and can be described by a single measurement point which is used as the single input to describe the vehicle as an input-output system. This is the mathematical basis of the chosen method for the determination of the unsteady vehicle response. However, the results presented in this work show that this approach is not sufficient in a wind tunnel with open test section.

Furthermore, a validated CFD model of the MWK was developed, the so called digital model scale wind tunnel (DMWK). The DMWK incorporates the complete wind tunnel geometry from the nozzle settling chamber to the diffuser as well as the active gust generation system. In addition, a simulation environment without wind tunnel interference effects (DWT, Digital

Wind Tunnel) is presented. The DWT allows the investigation of the unsteady aerodynamic vehicle response without the interference effects known in a wind tunnel with open test section.

In order to gain a fundamental understanding of the effects of the chosen method on the aerodynamic properties of different model scales and rear end shapes, a 20 % and 25 % scale model of the SAE reference body with notchback and fullback rear ends were investigated in the MWK. The comparison of results under steady state conditions show that a good transferability of the aerodynamic vehicle properties between the considered model scales (20 % and 25 %) is given. The results of the steady state yaw sweeps show nearly the same values of the coefficient gradients for the respective notchback and fullback model. For the notchback model, the stationary coefficient gradient of the side force, compared to the fullback model, is significantly smaller, and the stationary coefficient gradient of the yawing moment is significantly larger. Under crosswind excitation, the verification of the causality between wind excitation and model reaction with the coherence function shows that there is a clear relationship between the wind excitation measured at a point in front of the vehicle and the resulting vehicle response. This indicates that the input-output relation of the chosen approach is valid and admittance and transfer function can be used to describe the vehicle response. However, contrary to what is to be expected, a transferability of the unsteady aerodynamic vehicle response between the examined model scales is not given. A model scale dependent behavior of the unsteady forces and moments can be observed. For the larger model scale the maxima of the unsteady forces and moments are shifted to a larger dimensionless frequency. Furthermore, the unsteady yawing moment of the larger 25 % models shows a more pronounced overshoot when compared to the corresponding 20 % models. The unsteady yawing moment of the fullback models is larger than that of the scale-identical notchback models. The analysis of the pressure distribution on the side surfaces of the models show that this behavior is mainly attributed to the influence of the rear of the side surface of the models. Here, the larger models show larger pressure amplitudes as well as a phase relation that result in the observed overshoot of the yawing moment. The results indicate that the observed scale-dependent behavior is due to a change in the flow field along the longitudinal axis of the vehicle. The input variable detected at a point in front of the vehicle contains the complete information of the excitation: However, the resulting vehicle reaction is not exclusively attributable to the aerodynamic response of the vehicle. The aerodynamic response determined with the selected approach is superimposed by an additional system behavior independent of the aerodynamic response of the vehicle.

In order to describe the observed behavior, an approach based on linear system theory is presented, defining the flow field as an input-output system. The airfoil angle of the active gust generation system is used as the input, and the resulting flow angle in the empty test section is used as the output of the system. This makes the quantification of the unsteady properties of the flow field possible and is a major improvement when compared to approaches found in the literature. To quantify the spatial properties of the unsteady flow field, measurements were conducted at representative positions in the empty test section of the MWK. It could be shown that the generated flow field has a dynamic behavior that can be described with the transfer function between the airfoil angle of the active gust generation system and the resulting flow angle in the empty test section. This behavior is due to the excitation of the Kelvin-Helmholtz instability in the shear layer caused by the dynamic jet deflection. The large-scale vortex structures forming in the shear layer cause a transverse component in the jet core which leads to a frequency dependent amplification or damping of the resulting flow angles as well as a delay of the propagation velocity of the generated wavelengths. The influence of this phenomena increases with increasing distance from the nozzle. Thus, if a vehicle is placed in the test section, the dynamic behavior of the wind tunnel flow superimposes the aerodynamic response of the vehicle. Depending on the shape and size of the vehicle, it experiences a locally different excitation. A corresponding dynamic behavior of the flow field could be determined in the numerical test environment of the DMWK.

To investigate the influence of the geometric wind tunnel boundary conditions on the dynamic behavior of the flow field, experimental and numerical investigations were conducted in the MWK and DMWK. By specifically modifying different geometric boundary conditions, it could be shown that the dynamic behavior of the flow field is not altered by the resonance phenomena known in a wind tunnel with open test section. The dynamic behavior of the flow field is exclusively due to the vortex structures prevailing in the shear layer. In contrast, this dynamic behavior of the flow field cannot be observed in the numerical test environment of the DWT. Here, the created flow angles propagate without any time delay or spatial amplification or damping. This corresponds in a good approximation to an infinite flow field and therefore allows the study of the aerodynamic response of a vehicle without influences which are not attributed to the vehicle itself.

The presented test environments were used to investigate the unsteady aerodynamic response of the realistic 25 % DrivAer notchback model. First, the notchback model was measured in the different test environments under steady state conditions. An influence of the considered test environments on the resulting steady side force and yawing moment cannot be observed. The results of the yaw sweeps show nearly the same values of the stationary coefficient gradients. Subsequent to the investigations under steady conditions, the influence of the test environments on the aerodynamic response of the model to a crosswind excitation is analyzed. The unsteady aerodynamic vehicle response to crosswind excitation determined in the numerical test environment of the DMWK is in good agreement to the corresponding experimental results of the MWK. However, the unsteady side force and yawing moment determined in the numerical test environment of the DWT show a different behavior. When compared to the results in the quasi infinite flow field of the DWT, the results containing the dynamic behavior of the flow field in an open test section underestimate the unsteady yawing moment. This can be a critical issue, since the unsteady yawing moment is underestimated in a frequency range which is relevant for the driver's control action and therefore influences his comfort and safety assessment.

According to the previous study on the transferability of the unsteady aerodynamic vehicle response between different model scales, CFD simulations were performed on a 20 % and 25 % DrivAer notchback model. It was found that the frequency-dependent behavior in the numerical test environment of the DMWK is similar to that observed on the SAE models in the experimental test environment of the MWK. Corresponding simulations in the test environment of the DWT show that the unsteady aerodynamic response of the 20 % and 25 % model is independent of the test environment. Here, the transferability between different model scales is given, a quasi-identical behavior over the relevant frequency range can be observed for the 20 % and 25 % notchback model.

Furthermore, it was investigated whether aerodynamic configurations which favorably alter the unsteady aerodynamic vehicle response can be derived in a test environment with dynamic behavior of the wind tunnel flow. Aerodynamic configurations of the 25 % DrivAer notchback model are presented that influence the unsteady aerodynamic vehicle response to crosswind excitation. It could be shown that there are aerodynamic configurations that improve stationary coefficient gradients but show a contrary behavior under transient crosswind excitation. On the one hand, the effect of these aerodynamic configurations cannot be described under steady state conditions; their potential can only be assessed in the frequency domain. On the other hand, the effectiveness varies depending on the test environment. For example, it was shown that separation edges at the rear of the notchback model influence the unsteady yawing moment in such a way that their potential can only be assessed in the ideal test environment of the DWT. Here – compared to the baseline model – the unsteady yawing moment could be reduced by up to 30 %. This aerodynamic configuration is thus promising to increase straight line stability and improving the driver's subjective assessment under strong crosswind conditions.

The presented approach for the quantification of the unsteady behavior of the flow field provides a basic understanding of the phenomena occurring under the dynamic deflection of a wind tunnel jet. The detailed investigation of different model scales and rear end shapes gives information about the interaction of the dynamic jet behavior with the vehicle response as well as the magnitude of the expected influence. For the first time, a validated simulation model of the unsteady aerodynamic vehicle properties of the realistic DrivAer model as well as of the model scale wind tunnel is introduced. The presented simulation environment without interference effects allows the quantification of the unsteady aerodynamic response of a vehicle without external influences. This is mandatory to derive suitable measures for the optimization of the vehicle with respect to crosswind. Thus, a statement about the unsteady aerodynamic vehicle response under crosswind can be made at an early stage of the vehicle development, providing a decisive contribution to the future development of unsteady aerodynamic vehicle properties.

1 Einleitung

Die weltweit steigende Energienachfrage, die Verknappung der fossilen Ressourcen als auch die sich verschärfenden Emissionsgrenzwerte sorgen für stetig wachsende Anforderungen an die heutige Fahrzeugentwicklung. Dabei gewinnt die aerodynamische Optimierung eines Fahrzeugs zunehmend an Bedeutung. Die Aerodynamik kann durch die Verringerung des Luftwiderstands einen Beitrag zur Reduzierung der Fahrwiderstände leisten. Neben den klassischen Optimierungsgrößen wie der Reduzierung des Luftwiderstands, Optimierung des Auftriebs, der Motor- und Bremsenkühlung rücken komfortrelevante Problemstellungen zunehmend in den Vordergrund. Ein entscheidendes als komfort- und sicherheitsrelevant zu bewertendes Kriterium stellt die Seitenwindempfindlichkeit eines Fahrzeugs dar. Aerodynamische Kräfte verursacht durch böigen Seitenwind, aber auch Kräfte durch instationäre Ablösung am Heck eines Fahrzeugs, können Ursache für ein vom Fahrer als unruhig wahrgenommenes Fahrverhalten sein. Insbesondere bei hohen Fahrgeschwindigkeiten treten Seitenkraft- und Giermomentbeiwerte auf, denen vom Fahrer durch Lenkkorrekturen entgegengewirkt werden muss. Unter gewissen Voraussetzungen kann die aerodynamische Anregung im Bereich der Giereigenfrequenz des Fahrzeugs vom Fahrer unterbewusst verstärkt werden. Dadurch erhöht sich die vom Fahrer subjektiv wahrgenommene Instabilität des Fahrzeugs [2, 3].

Üblicherweise erfolgt eine Bewertung der Seitenwindempfindlichkeit eines Fahrzeugs anhand von Messungen im Windkanal bei verschiedenen Anströmwinkeln unter stationären Anströmungsbedingungen. Das Strömungsfeld unterliegt dabei keiner räumlichen oder zeitlichen Änderung. Die zur Beurteilung herangezogenen Kräfte werden über einen bestimmten Zeitraum gemessen und gemittelt. Die Böigkeit des natürlichen Winds, wie auch die schon bei stationärer Anströmung durch Ablösung am Heck entstehenden instationären Kräfte und Momente, werden in der Regel nicht berücksichtigt. Es wird davon ausgegangen, dass eine quasi-stationäre Betrachtung bei instationärer Anströmung ausreichend sei. Es hat sich jedoch gezeigt, dass nach der rein stationären Betrachtung ähnlich zu bewertende Fahrzeuge in

© Springer Fachmedien Wiesbaden GmbH, ein Teil von Springer Nature 2018
D. Stoll, *Ein Beitrag zur Untersuchung der aerodynamischen Eigenschaften von Fahrzeugen unter böigem Seitenwind*, Wissenschaftliche Reihe Fahrzeugtechnik Universität Stuttgart, https://doi.org/10.1007/978-3-658-21545-3_1

der subjektiven Wahrnehmung im Fahrversuch Abweichungen in der Bewertung aufweisen. Seitenwinduntersuchungen haben ergeben, dass Messungen bezüglich des in der Realität auftretenden Giermoments mit denen aus den Fahrzeugwindkanälen nicht immer übereinstimmen [2, 4, 5]. Die Untersuchungsergebnisse zeigen, dass eine quasi-stationäre Betrachtung der Aerodynamik nicht ausreicht um die auftretenden instationären aerodynamischen Vorgänge abzubilden.

Um die Nachteile des stationären Ansatzes im Windkanal zu umgehen und eine Quantifizierung des instationären Verhaltens eines Fahrzeugs unter böigem Seitenwind zu ermöglichen, wurde von Schröck [1] am IVK/FKFS eine Methode zur Beurteilung der instationären Fahrzeugreaktion unter böigem Seitenwind entwickelt und in einem Versuchsaufbau im Modellwindkanal der Universität Stuttgart realisiert. Diese Methode beinhaltet die Reproduktion der Böigkeit des natürlichen Winds im Windkanal sowie die Ermittlung der am Fahrzeug resultierenden Kräfte und Momente und ermöglicht dadurch eine Beschreibung des instationären Fahrzeugverhaltens im für die Fahrdynamik relevanten Frequenzbereich.

Im Folgenden werden, aufbauend auf der erarbeiteten Methode von Schröck, Untersuchungen zur Bestimmung der aerodynamischen Fahrzeugeigenschaften unter böigem Seitenwind durchgeführt. Dazu wird ein auf den Arbeiten von Mullarkey [6], Passmore [7] und Schröck basierendes aktives System zur Böenerzeugung entwickelt, das die wesentlichen Eigenschaften von böigem Wind in der Messstrecke des Windkanals abbildet. Die Reaktion verschiedener Fahrzeuge und Fahrzeugheckformen auf eine böige Seitenwindanregung sowie der Einfluss der Windkanalumgebung auf die ermittelten instationären Kräfte und Momente werden durch numerische und experimentelle Methoden systematisch untersucht. Dadurch werden die Bandbreite der beobachteten Effekte sowie die Möglichkeiten zur gezielten Beeinflussung aufgezeigt.

2 Grundlagen und Stand der Technik

Zunächst soll eine kurze Einführung in die für diese Arbeit relevanten Grundlagen der Fahrzeugaerodynamik erfolgen. Darauf aufbauend wird der aktuelle Stand auf dem Gebiet der Aerodynamik zur Beurteilung der Seitenwindempfindlichkeit von Fahrzeugen vorgestellt.

2.1 Grundlagen

Die Fahrzeugaerodynamik ist ein Teilbereich der allgemeinen Strömungsmechanik. Daher wird bei der Diskussion aerodynamischer Themen das Verständnis grundlegender Begrifflichkeiten der Strömungsmechanik vorausgesetzt.

Im Folgenden werden zunächst die in der Fahrzeugaerodynamik gebräuchlichen dimensionslosen Beiwerte sowie die zur Beschreibung der fluidmechanischen Phänomene benötigten dimensionslosen Kennzahlen vorgestellt. Anschließend wird auf die Grundlagen zur statistischen Beschreibung und linearen Übertragung stationärer Zufallsprozesse eingegangen. Außerdem wird die Strömungssituation auf der Straße sowie die Reaktion eines Fahrzeugs auf eine böige Seitenwindanregung erläutert. Abschließend wird auf die für das Verständnis von Windkanal-Interferenzeffekten notwendigen Grundlagen eingegangen.

2.1.1 Aerodynamische Beiwerte

Die aus der Um- und Durchströmung des Fahrzeugs resultierende Luftkraft wird im Bezugspunkt 0 durch jeweils drei Ersatzkräfte und Ersatzmomente, siehe Abbildung 2.1, dargestellt. Der Koordinatenursprung liegt in der Radaufstandsebene, mittig bezüglich des Radstands l_0 und der Spur s des Fahr-

© Springer Fachmedien Wiesbaden GmbH, ein Teil von Springer Nature 2018
D. Stoll, *Ein Beitrag zur Untersuchung der aerodynamischen Eigenschaften von Fahrzeugen unter böigem Seitenwind*, Wissenschaftliche Reihe Fahrzeugtechnik Universität Stuttgart, https://doi.org/10.1007/978-3-658-21545-3_2

zeugs. Im Rahmen dieser Arbeit wird das fahrzeugfeste Koordinatensystem entsprechend SAE J1594 [8] gewählt. Das Giermoment um die z-Achse und das Nickmoment um die y-Achse sind nach Festlegung linksdrehend, das Rollmoment um die x-Achse rechtsdrehend.

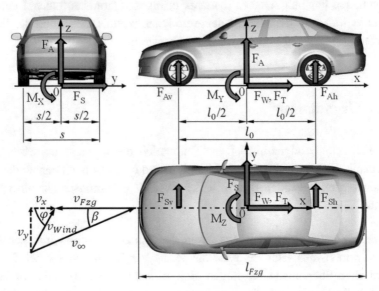

Abbildung 2.1: Darstellung des Fahrzeugkoordinatensystems, der Ersatzkräfte und -momente sowie des Anströmvektors

Die unter Seitenwind auf das Fahrzeug wirkende Strömungsgeschwindigkeit v_∞ ergibt sich entsprechend Gleichung 2.1 aus der geometrischen Beziehung zwischen der Windgeschwindigkeit v_{Wind} und der Fahrzeuggeschwindig-keit v_{Fzg}. Die resultierende Anströmrichtung bezüglich der Fahrzeuglängs-achse ist nach Gleichung 2.2 durch den Anströmwinkel β gegeben, die Wind-richtung ergibt sich aus dem Windwinkel φ.

$$v_\infty = \sqrt{v_{Fzg}^2 + v_{Wind}^2 + 2 \cdot v_{Fzg} \cdot \cos\varphi} \qquad\qquad \text{Gl. 2.1}$$

$$\beta = \tan^{-1}\left(\frac{v_{Wind} \cdot \sin\varphi}{v_{Fzg} + v_{Wind} \cdot \cos\varphi}\right) \qquad \text{Gl. 2.2}$$

In der Aerodynamik werden anstelle von Kräften und Momenten üblicherweise geschwindigkeitsunabhängige Beiwerte verwendet. Durch die dimensionslose Darstellung wird die Übertragbarkeit von Modellversuchen gewährleistet. Der Luftwiderstandsbeiwert c_W, der Tangentialkraftbeiwert c_T, der Seitenkraftbeiwert c_S und der Auftriebsbeiwert c_A berechnen sich entsprechend der Gleichungen 2.3 bis 2.6. Die Kräfte werden dabei über den dynamischen Druck der Anströmung q_∞ und die in die y-z-Ebene projizierte Fahrzeugstirnfläche A_x normiert.

$$c_W = \frac{F_W}{q_\infty \cdot A_x} \qquad \text{Gl. 2.3}$$

$$c_T = \frac{F_T}{q_\infty \cdot A_x} \qquad \text{Gl. 2.4}$$

$$c_S = \frac{F_S}{q_\infty \cdot A_x} \qquad \text{Gl. 2.5}$$

$$c_A = \frac{F_A}{q_\infty \cdot A_x} \qquad \text{Gl. 2.6}$$

Der auch als Staudruck bezeichnete dynamische Druck der ungestörten Anströmung q_∞ berechnet sich nach Gleichung 2.7 mit der Dichte des strömenden Mediums ρ und dem Quadrat der Anströmgeschwindigkeit v_∞^2.

$$q_\infty = \frac{1}{2} \cdot \rho \cdot v_\infty^2 \qquad \text{Gl. 2.7}$$

Mit dem Radstand l_0 lassen sich, analog zu den Kraftbeiwerten, die Beiwerte für das Roll-, Nick- und Giermoment aus den Gleichungen 2.8 bis 2.10 berechnen.

$$c_L = \frac{M_{LX}}{q_\infty \cdot A_x \cdot l_0} \qquad \text{Gl. 2.8}$$

$$c_M = \frac{M_{LY}}{q_\infty \cdot A_x \cdot l_0}$$
Gl. 2.9

$$c_N = \frac{M_{LZ}}{q_\infty \cdot A_x \cdot l_0}$$
Gl. 2.10

Die Seitenkraft kann dabei, wie die Auftriebskraft, in einen an der Vorder- und Hinterachse wirkenden Anteil aufgeteilt werden. Die Aufteilung des Seitenkraftbeiwerts und des Auftriebsbeiwerts auf die Vorder- bzw. Hinterachse erfolgt nach Gleichung 2.11 bis 2.14.

$$c_{Sv} = \frac{1}{2} \cdot c_S - c_N$$
Gl. 2.11

$$c_{Sh} = c_S - c_{Sv}$$
Gl. 2.12

$$c_{Av} = \frac{1}{2} \cdot c_A - c_M$$
Gl. 2.13

$$c_{Ah} = c_A - c_{Av}$$
Gl. 2.14

Dimensionslose Beiwerte werden auch für Drücke − wie sie zum Beispiel auf der Oberfläche der Fahrzeugkontur oder im Strömungsfeld auftreten − hergeleitet. Aufgrund der verwendeten Messtechnik werden Drücke im Differenzdruckverfahren und somit relativ zu einem Referenzdruck gemessen. In der Windkanaltechnik ist dieser Referenzdruck üblicherweise der Plenumsdruck, dieser entspricht weitgehend dem statischen Druck der ungestörten Anströmung. Der dimensionslose Druckbeiwert c_p ist definiert nach Gleichung 2.15. Dabei ist $p(x, y, z)$ der an einer bestimmten Stelle gemessene Druck und p_∞ der statische Druck der ungestörten Anströmung.

$$c_p = \frac{p(x, y, z) - p_\infty}{q_\infty}$$
Gl. 2.15

2.1.2 Aerodynamische Ähnlichkeitszahlen

Bei Kfz-technischen Windkanalmessungen im Modellmaßstab ist neben der Forderung nach der geometrischen Ähnlichkeit auch die nach der kinematischen sowie der dynamischen Ähnlichkeit zu erfüllen. Die dabei zu beachtenden Größen sind neben der geometrischen Skalierbarkeit, die Mach-, die Reynolds-, und die Strouhalzahl.

Die Reynoldszahl Re ist eine dimensionslose Kennzahl, die das Verhältnis der in einer Strömung wirkenden Trägheits- und Zähigkeitskräfte beschreibt. Sie ist definiert nach Gleichung 2.16, mit der charakteristischen Länge l_{char}, der Strömungsgeschwindigkeit v_∞ sowie der kinematischen Viskosität v ($v \approx$ 1.5·10^{-5} m²/s in Luft). Zur Bestimmung der Reynoldszahl wird in der Fahrzeugaerodynamik üblicherweise die Fahrzeuglänge l_{Fzg} als charakteristische Länge herangezogen.

$$Re = \frac{v_\infty \cdot l_{char}}{v} \qquad \text{Gl. 2.16}$$

Bei der Umströmung eines Fahrzeugs mit Geschwindigkeiten größer 100 km/h liegen Reynoldszahlen in der Größenordnung von $Re \geq 5\cdot10^6$. Dies bedeutet, dass Trägheitskräfte viskose Kräfte um mehrere Größenordnungen übersteigen. Folglich kann von einer ausgeprägten turbulenten Strömung ausgegangen werden, da Geschwindigkeitsschwankungen kaum von viskosen Kräften gedämpft werden. Um Ergebnisse unterschiedlicher Modellmaßstäbe übertragen zu können, muss strenggenommen das „Reynoldssche-Ähnlichkeitsgesetz" erfüllt werden. Dieses besagt, dass die Reynoldszahl für alle Modellgrößen gleich sein muss. Wird ein verkleinertes Modell eingesetzt, muss dementsprechend die Strömungsgeschwindigkeit umgekehrt proportional zum Modellmaßstab erhöht werden. Aufgrund der Grenzen der Windkanaltechnik kann diese Forderung meist jedoch nicht erfüllt werden. Da die Struktur turbulenter Strömungen bei höheren Reynoldszahlen unabhängig von der Reynoldszahl ist, wird dieser Umstand aber in Kauf genommen.

Gleichzeitig ist zu beachten, dass die Machzahl Ma einen Wert von 0.3 nicht überschreitet. Nur in diesem Fall spielen Kompressibilitätseffekte in der Luft eine untergeordnete Rolle. Die Machzahl *Ma* beschreibt das Verhältnis von Trägheits- zu Kompressionskräften und ist definiert nach Gleichung 2.17 als das Verhältnis aus der Strömungsgeschwindigkeit v_∞ und der Schallgeschwindigkeit c.

$$Ma = \frac{v_\infty}{c}$$ Gl. 2.17

Zur dimensionslosen Beschreibung zeitabhängiger Ereignisse wird die Strouhalzahl *Sr* herangezogen, welche entsprechend Gleichung 2.18 aus der Frequenz *f* des betrachteten Ereignisses, der charakteristischen Länge l_{char} und der Strömungsgeschwindigkeit v_∞ gebildet wird. Bei den das Fahrzeug betreffenden Strömungsvorgängen wird in dieser Arbeit der Radstand l_0 als charakteristische Länge verwendet. Durch Einhaltung der Strouhalzahl können instationäre Strömungsphänomene zwischen unterschiedlichen Modellmaßstäben übertragen werden. Außerdem können ähnliche instationäre Strömungsphänomene bei unterschiedlichen Strömungsgeschwindigkeiten allerdings unter demselben Modellmaßstab identifiziert werden (vgl. [1]).

$$Sr = \frac{f \cdot l_{char}}{v_\infty}$$ Gl. 2.18

2.1.3 Statistische Beschreibung und lineare Übertragung stationärer Zufallsprozesse

Zur Behandlung von stochastischen Vorgängen, wie der Beschreibung des natürlichen Winds oder der Reaktion eines Fahrzeugs auf dessen Anregung, sind einige Grundlagen der Statistik erforderlich. Im folgenden Abschnitt sollen die für diese Arbeit relevanten statistischen Kenngrößen sowie die Grundlagen der linearen Übertragung stationärer Zufallsprozesse erläutert werden. Für eine ausführliche Beschreibung sei auf die entsprechende Literatur verwiesen, siehe [9 bis 12]. Die folgende Zusammenstellung orientiert sich an vorangegangenen Arbeiten, in denen die für die aerodynamische Admittanz relevanten Grundlagen der statistischen Beschreibung und linearen Übertragung stationärer Zufallsprozesse bereits zusammengefasst wurden (vgl. [1, 13]).

Eine turbulente Strömung lässt sich als stochastischer Prozess beschreiben. Die geordnete Grundströmung wird von stochastischen, also zufälligen Schwankungsbewegungen überlagert. Sowohl das Auftreten eines Windereignisses als auch dessen zeitlicher Ablauf sind zufällig. Im Zusammenhang mit stochastischen Prozessen wird weitergehend zwischen stationären und instationären Prozessen unterschieden. Die Methoden der Statistik können jedoch nur sinnvoll auf stationäre Prozesse angewendet werden. Voraussetzung eines stationären Prozesses ist die deutlich längere Dauer der Beobachtung des Prozesses gegenüber der Zeitdauer eines im stochastischen Prozess vorkommenden instationären Prozesses. Durch Wahl einer ausreichend langen Messzeit ist sichergestellt, dass alle instationären Schwankungen mehrfach erfasst werden. Die Stationarität bezieht sich dabei auf die zeitliche Konstanz der statistischen Eigenschaften und Parameter – wie zum Beispiel des Mittelwerts, der Varianz oder des Spektrums – des stochastischen Prozesses.

Die Darstellung von gemessenen Zeitsignalen $x(t)$ erfolgt in der Regel durch eine Reynoldszerlegung der transienten Größen in einen Mittelwert $\bar{x}$ und einen Schwankungsanteil $x'(t)$.

$$x(t) = \bar{x} + x'(t) \qquad \text{Gl. 2.19}$$

Da allen Messungen und Berechnungen in dieser Arbeit diskrete Zeitschritte zugrunde liegen, wird im Folgenden die Summendarstellung zur Beschreibung der Zufallsprozesse gewählt. Steht ein ausreichend langes Zeitsignal eines stationären stochastischen Prozesses zur Verfügung, kann der Zeitmittelwert $\bar{x}$ definiert werden, wobei N die Anzahl der verfügbaren Messwerte darstellt und x_i die einzelnen Messwerte.

$$\bar{x} = \frac{1}{N} \sum_{i=1}^{N} x_i \qquad \text{Gl. 2.20}$$

Die Varianz σ^2 ist die mittlere quadratische Abweichung vom arithmetischen Mittelwert und entspricht der im Signal enthaltenen physikalischen Leistung.

$$\sigma^2 = \frac{1}{N-1} \sum_{i=1}^{N} (x_i - \bar{x})^2 \qquad\qquad \text{Gl. 2.21}$$

Die Quadratwurzel aus der Varianz ist die Standardabweichung σ. Der Effektivwert ist gleich der Standardabweichung, wenn der arithmetische Mittelwert des Signals gleich 0 ist.

Da für die weitere Beschreibung stationärer Zufallsprozesse ausschließlich der Schwankungsanteil maßgebend ist, wird von einem mittelwertfreien Signal, das um die Nulllage schwingt, ausgegangen.

Die Autokorrelationsfunktion $R_{xx}(\tau)$ ist definiert als der Erwartungswert des Produkts des Signals $x(t)$ mit dem um τ zeitversetzten Signal $x(t + \tau)$ bei unterschiedlicher Zeitverschiebung $\tau = (i + r) \cdot \Delta t$. Sie zeigt demnach die Korrelation des Signals mit sich selbst, wenn dieses um τ verschoben wird.

$$R_{xx}(\tau) = \frac{1}{N-r} \sum_{i=0}^{N-r} x_i \cdot x_{i+r} \quad (\text{r} = 0, 1, \dots, \text{m} < \text{N}) \qquad \text{Gl. 2.22}$$

Die zeitabhängige Ähnlichkeit zweier Signale wird durch die Kreuzkorrelationsfunktion $R_{xy}(\tau)$ beschrieben. Sie ist definiert als der Erwartungswert des Produkts des Signals $x(t)$ mit dem um τ zeitversetzten Signal $y(t + \tau)$.

$$R_{xy}(\tau) = \frac{1}{N-r} \sum_{i=0}^{N-r} x_i \cdot y_{i+r} \quad (\text{r} = 0, 1, \dots, \text{m} < \text{N}) \qquad \text{Gl. 2.23}$$

Werden die Korrelationsfunktionen mit der Varianz, also dem an der Stelle des Maximums der Ordinate bei $\tau = 0$ entsprechenden Wert, normiert, ergeben sich die Korrelationskoeffizienten $\varphi_{xx}(\tau)$ beziehungsweise $\varphi_{xy}(\tau)$. Diese sind im Intervall von -1 bis $+1$ definiert und ermöglichen eine Aussage über die lineare Abhängigkeit der Signale. Bei einem Wert von 0 sind die Signale linear unabhängig. Ist der Korrelationskoeffizient $+1$ (bzw. -1) sind die Signale vollständig positiv (bzw. negativ) linear abhängig.

Der fluktuierende Anteil eines stochastischen Signals, beziehungsweise dessen Energie, lässt sich in Abhängigkeit von der Frequenz durch sogenannte Leistungsdichtespektren beschreiben. Zur Beschreibung der Frequenzeigenschaften stochastischer Signale werden diese mit Hilfe der diskreten Fouriertransformation in den Frequenzbereich übertragen. Das Signal wird dabei über eine bestimmte, als Zeitfenster T_f bezeichnete Zeitdauer betrachtet. Das Zeitfenster T_f wird aus der Abtastfrequenz f_s und der Anzahl N der betrachteten Abtastwerte berechnet.

$$T_f = \frac{N}{f_s} \qquad \text{Gl. 2.24}$$

Die Frequenzauflösung ergibt sich dann entsprechend Gleichung 2.25.

$$\Delta f = \frac{1}{T_f} = \frac{f_s}{N} \qquad \text{Gl. 2.25}$$

An den diskreten Frequenzen $f - \Delta f \cdot k$ sind die Komponenten des fouriertransformierten Signals entsprechend Gleichung 2.26 definiert.

$$X_k = \sum_{i=0}^{N-1} x_i \cdot e^{-j \cdot \frac{2 \cdot \pi \cdot k \cdot i}{N}} \quad (k = 0, 1, \dots, N-1) \qquad \text{Gl. 2.26}$$

Das einseitige ($f > 0$), also reelwertige Autoleistungsdichtespektrum berechnet sich nach Gleichung 2.27. Durch die Multiplikation des Spektrums mit seinem konjugiert komplexen Spektrum verschwindet der Imaginärteil im Ergebnis.

$$S_{xx}(f) = \frac{2}{\Delta f} [X^*(f) \cdot X(f)] \qquad \text{Gl. 2.27}$$

Aus der Integration des Autoleistungsdichtespektrums über den gesamten Frequenzbereich ergibt sich die zuvor definierte Varianz σ^2. Anschaulich zeigt das Autoleistungsdichtespektrum die Verteilung der im Signal enthaltenen Leistung über der Frequenz. Aus jedem Zeitsignal lässt sich die Autoleistungsdichte berechnen. Aus dem Autoleistungsdichtespektrum lässt sich jedoch der zugehörige Zeitverlauf nicht mehr rekonstruieren (rein reell, d. h. keine Phaseninformation).

Die frequenzabhängige, statistische Abhängigkeit zweier Signale $x(t)$ und $y(t)$ wird mit dem Kreuzleistungsdichtespektrum S_{xy} angegeben. Da $X^*(f)$ und $Y(f)$ nicht konjugiert komplex zueinander sind bleibt das Ergebnis komplex.

$$S_{xy}(f) = \frac{2}{\Delta f}[X^*(f) \cdot Y(f)] \qquad \text{Gl. 2.28}$$

Das Kreuzleistungsdichtespektrum kann entsprechend Gleichung 2.29 in ein reales Koinzidenz-Spektrum und ein imaginäres Quadratur-Spektrum zerlegt werden.

$$S_{xy}(f) = \text{Co}_{xy}(f) - j \cdot \text{Qu}_{xy}(f) \qquad \text{Gl. 2.29}$$

Um eine zeitliche Beziehung zwischen den diskreten Frequenzkomponenten der beiden Signale herzustellen, kann aus Real- und Imaginärteil der Phasenwinkel $\Theta_{xy}(f)$ berechnet werden.

$$\Theta_{xy}(f) = \arctan\left(\frac{\text{Co}_{xy}(f)}{\text{Qu}_{xy}(f)}\right) \qquad \text{Gl. 2.30}$$

Ein normiertes Maß für die statistische Abhängigkeit zweier Signale $x(t)$ und $y(t)$ ist die Kohärenz $\gamma_{xy}^2(f)$. Sie entspricht einer Darstellung des Korrelationskoeffizienten im Frequenzbereich. Wenn $\gamma_{xy}^2(f) = 0$ dann sind die Signale $x(t)$ und $y(t)$ linear unabhängig. Bei $\gamma_{xy}^2(f) = 1$ sind die Signale vollständig linear voneinander abhängig. In der Praxis ist $0 < \gamma_{xy}^2(f) < 1$.

$$\gamma_{xy}^2(f) = \frac{|S_{xy}(f)|^2}{S_{xx}(f) \cdot S_{yy}(f)} \qquad \text{Gl. 2.31}$$

Sind die bei der Berechnung der Kohärenz betrachteten Signale linear abhängig, so liegt zwischen ihnen eine Ein-/ Ausgangsbeziehung vor. Dies bedeutet, dass durch die lineare Signalanalysetheorie eine Aussage über die Qualität des Systemverhaltens getroffen werden kann. Die Darstellung eines solchen Systems, welches die Umwandlung des Eingangssignals in das Ausgangssignal beschreibt, erfolgt in der Systemtheorie üblicherweise durch die Darstellung in einem Blockschaltbild entsprechend Abbildung 2.2. Bei gemessenen Signalen muss dabei immer von einer Störgröße am Ausgang des Systems ausgegangen werden, die Eingangsgröße kann in der Regel fehlerfrei erfasst werden. Es wird somit eine Beziehung zwischen dem Ein- und Ausgangssignal hergestellt, welche bei linearen, zeitinvarianten Systemen durch die Impulsantwort im Zeitbereich, beziehungsweise die Übertragungsfunktion im Frequenzbereich, beschrieben wird. Die physikalischen Zusammenhänge zwischen den Systemkomponenten bleiben dabei in einer „blackbox" verborgen [11].

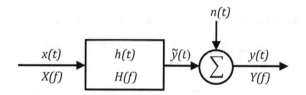

Abbildung 2.2: Darstellung der Ein- und Ausgangsbeziehung eines am Ausgang gestörten dynamischen Systems

Im Zeitbereich ergibt sich das Ausgangssignal $y(t)$ durch die Faltung des Eingangssignals $x(t)$ mit der Impulsantwort $h(t)$ des zu durchlaufenden Systems. Im Frequenzbereich entspricht die Faltung einer Multiplikation der Fouriertransformierten. Die Übertragungsfunktion $H(f)$ zwischen Ein- und Ausgang des Systems steht in folgender Beziehung zueinander [10]:

$$S_{yy}(f) = |H(f)|^2 \cdot S_{xx}(f) \qquad \text{Gl. 2.32}$$

$$S_{xy}(f) = H(f) \cdot S_{xx}(f). \qquad \text{Gl. 2.33}$$

Gleichung 2.32 stellt mit dem Verstärkungsfaktor $|H(f)|^2$ eine reellwertige Beziehung zwischen den Systemkomponenten dar und enthält keine Phaseninformationen. Die Beziehung in Gleichung 2.33 ist dagegen komplexer Natur. Die Übertragungsfunktion enthält den Amplitudengang $|H(f)|$ und den Phasengang $\Theta_{xy}(f)$ des Systems.

$$H(f) = |H(f)| \cdot e^{-j\Theta_{xy}(f)} \qquad \text{Gl. 2.34}$$

Eine Überprüfung des Systems hinsichtlich der Gültigkeit erfolgt durch die zuvor vorgestellte Kohärenz $\gamma_{xy}^2(f)$. Gilt $\gamma_{xy}^2(f) = 1$ liegt ein ideales Übertragungsverhalten vor, weicht die Kohärenz davon ab ist die Systemidentifikation mit Unsicherheiten behaftet. Ursachen für Abweichungen vom optimalen System sind:

■ Messungenauigkeiten

■ Fehler bei der Schätzung spektraler Größen

■ Auswirkungen instationärer (zeitvarianter) Prozesse

■ nichtlineare Systemeigenschaften bzw. nichtlineares Übertragungsverhalten

■ nicht erfasste Systemerregungen bzw. nicht mit dem Eingangssignal
korrelierte Anteile des Ausgangssignals

■ allgemeine Störsignale wie nicht korreliertes Messrauschen.

Die ersten drei Systemstörungen sind systematische Fehler und in der Praxis nahezu unvermeidlich. Die drei übrigen werden dem Ausgang des Systems zugeschrieben. Die gemessene Ausgangsgröße $S_{yy}(f)$ kann dann als Summe des linear bedingten Anteils der Ausgangsgröße $S_{\tilde{y}\tilde{y}}(f)$ und des Störanteils $S_{nn}(f)$ aufgefasst werden [11, 12].

$$S_{yy}(f) = S_{\tilde{y}\tilde{y}}(f) + S_{nn}(f) \qquad \text{Gl. 2.35}$$

Die Ausgangsstörung $n(t)$ ist mit den Systemprozessen unkorreliert. Für den linear bedingten Anteil $S_{\tilde{y}\tilde{y}}(f)$ der Ausgangsgröße folgt:

$$S_{\tilde{y}\tilde{y}}(f) = \left| \frac{S_{xy}(f)}{S_{xx}(f)} \right|^2 \cdot S_{xx}(f) = \gamma_{xy}^2(f) \cdot S_{yy}(f). \qquad \text{Gl. 2.36}$$

Dies führt zu dem Zusammenhang:

$$|H(f)|^2 = \frac{S_{\tilde{y}\tilde{y}}(f)}{S_{xx}(f)} = \gamma_{xy}^2(f) \frac{S_{yy}(f)}{S_{xx}(f)}. \qquad \text{Gl. 2.37}$$

Wenn $\gamma_{xy}^2(f) \neq 1$, dann ist der aus Gleichung 2.32 berechnete Amplituden-
gang $|H(f)|$ aus der Wurzel der Autoleistungsdichtespektren $S_{xx}(f)$ und
$S_{yy}(f)$ des Ein- und Ausgangs falsch. Es sollte $|H(f)|$ vielmehr nach
Gleichung 2.33 aus dem Verhältnis des Betrags des Kreuzleistungsdichte-
spektrums $|S_{xy}(f)|$ zum Autoleistungsdichtespektrum des Eingangs $S_{xx}(f)$
berechnet werden.

2.1.4 Windverhältnisse und Strömungssituation auf der Straße

Die Strömungssituation, die ein auf der Straße fahrendes Fahrzeug erfährt, ist
geprägt vom Einfluss des natürlichen Winds. Dabei ist insbesondere starker
Wind von Interesse, da dieser die Richtungsstabilität eines Fahrzeugs negativ
beeinflussen kann.

Zur Charakterisierung der Windverhältnisse auf der Straße ist die bodennahe
Grenzschicht der Atmosphäre von besonderer Bedeutung. Die Strömung ist
dabei insbesondere in Bodennähe aufgrund wechselnder lokaler Gegebenheiten ständigen Änderungen der Strömungsgeschwindigkeit und -richtung
unterworfen. Die Strömung um ein Fahrzeug wird von kurzzeitigen Schwankungen, sogenannten Böen oder Turbulenzen, beeinflusst und kann als stationärer Zufallsprozess betrachtet werden. Die turbulenten Geschwindigkeitsschwankungen lassen sich mit Hilfe der in Kapitel 2.1.3 eingeführten statistischen Methoden beschreiben.

Ein Maß für die Intensität der Turbulenz einer Strömung ist der dimensionslose Turbulenzgrad Tu_i, berechnet aus der Wurzel der Varianz σ^2 und der
mittleren Strömungsgeschwindigkeit $\bar{u}$. Der Index i bezeichnet dabei die
Strömungskomponenten u, v, w in eine der drei Raumrichtungen x, y, z.

$$Tu_i = \frac{\sigma_i}{\bar{u}} \cdot 100\,\% \qquad\qquad \text{Gl. 2.38}$$

Sofern der gemessene Turbulenzgrad unabhängig vom Ort im Strömungsfeld
ist, wird die Strömung als homogen bezeichnet. Ist der Turbulenzgrad in alle
drei Raumrichtungen gleich groß, wird die Strömung als isotrop bezeichnet.

Der natürliche Wind ist nicht isotrop und über große Gebiete auch nicht homogen [14].

Der Turbulenzgrad ist eine zeitlich gemittelte Größe und erlaubt eine Aussage über die in einer Strömung enthaltene Energie. Die Darstellung der Verteilung der Energie über der Frequenz kann nur mit Hilfe der Autoleistungsdichtespektren $S_{ii}(f)$ der Geschwindigkeitskomponenten ($i = u, v, w$) erfolgen. Die für ein sich auf der Straße bewegendes Fahrzeug relevanten Spektren der atmosphärischen Turbulenz können mit den in Gleichung 2.39 und 2.40 angegebenen empirischen Interpolationsfunktionen, den sogenannten von-Kármán-Spektren, wiedergegeben werden [15, 16].

$$S_{uu}(f) = \frac{4 \cdot \sigma_u^2 \cdot L_u}{\bar{u}} \cdot \left(\left(1 + 70.18 \left(\frac{f \cdot L_u}{\bar{u}} \right) \right)^2 \right)^{-5/6} \qquad \text{Gl. 2.39}$$

$$S_{vv,ww}(f) = \frac{4 \cdot \sigma_{v,w}^2 \cdot L_{v,w}}{\bar{u}} \cdot \frac{\left(1 + 187.16 \cdot \left(\frac{f \cdot L_u}{\bar{u}} \right)^2 \right)}{\left(1 + 70.18 \cdot \left(\frac{f \cdot L_u}{\bar{u}} \right)^2 \right)^{11/6}} \qquad \text{Gl. 2.40}$$

Zur Bestimmung der von-Kármán-Spektren wird neben der gemessenen Varianz σ_i^2 und der mittleren Strömungsgeschwindigkeit $\bar{u}$ auch das integrale Längenmaß L_i herangezogen. Das integrale Längenmaß ist eine weitere wichtige Größe zur Beschreibung turbulenter Strömungen und kann als mittlere Wirbelgröße in eine der drei Raumrichtungen verstanden werden.

$$L_i = \bar{u} \cdot \int_{\tau=0}^{\varphi_{ii}(\tau)=0} \varphi_{ii}(\tau) d\tau \qquad \text{Gl. 2.41}$$

Dabei liefert die Integration des Korrelationskoeffizienten φ_{ii} von $\tau = 0$ bis τ, für das $\varphi_{ii}(\tau) = 0$ gilt, das sogenannte Integralmaß. Das Integralmaß ist ein Maß für die zeitliche Ähnlichkeit der Strömung. Unter Zuhilfenahme der Taylor-Hypothese der gefrorenen Turbulenz (Turbulenzballen wandern mit der mittleren Geschwindigkeit der Grundströmung mit, ohne ihre Form zu ändern) wird ein einfaches Verhältnis zwischen Raum und Zeit hergestellt. Durch Multiplikation mit der mittleren Strömungsgeschwindigkeit $\bar{u}$ wird das Integralmaß in das integrale Längenmaß überführt. Alternativ kann das integrale Längenmaß über eine Approximation der gemessenen Spektren und der von-Kármán-Spektren ermittelt werden. Dabei werden die von-Kármán-Spektren solange an die Messdaten angenähert, bis die mittlere quadratische Abweichung minimal wird. Für Details zu dieser Berechnungsmethode sei auf die Engineering Sciences Data Unit (ESDU) [17] verwiesen. Die in dieser Arbeit bestimmten integralen Längenmaße wurden mit Hilfe der Autokorrelationsfunktion nach Gleichung 2.41 berechnet.

Im Windingenieurwesen ist per Definition die x-Achse immer durch die Hauptwindrichtung $\bar{u}$ gegeben. Die Anströmung, die ein Fahrzeug auf der Straße erfährt, wird von dessen Fahrgeschwindigkeit und dem natürlichen Wind bestimmt. Der natürliche Wind ist der Fahrgeschwindigkeit überlagert. Bei konstanter Fahrzeuggeschwindigkeit über Grund sind die Geschwindigkeitsschwankungen, die das Fahrzeug erfährt, nur vom natürlichen Wind bestimmt. Der Schwankungsanteil ist dann nicht auf die Strömungsgeschwindigkeit des natürlichen Winds, sondern auf die auf das Fahrzeug wirkende Strömungsgeschwindigkeit v_∞ – die meistens mit der Richtung, in die sich das Fahrzeug fortbewegt, nicht übereinstimmt – bezogen [18].

Eine theoretische Abschätzung der Strömungssituation die ein Fahrzeug erfährt, kann anhand von Messdaten aus der Meteorologie und dem Bauingenieurwesen erfolgen. Messungen des natürlichen Winds beziehen sich dabei meist auf eine Höhe größer 10 m über dem Boden. Die Extrapolation dieser Daten auf die für ein Fahrzeug relevante Höhe von unter 2 m und deren vektorielle Überlagerung mit der Fahrgeschwindigkeit liefern erste Erkenntnisse über den Einfluss unterschiedlicher Anströmwinkel und ermöglichen eine Abschätzung der resultierenden Turbulenzgrade und Spektren. Entsprechende theoretische Betrachtungen wurden von Cooper [18] und Schröck [1] durchgeführt. Aufgrund der komplexen Anströmbedingungen in Bodennähe ist eine Übernahme dieser Erkenntnisse in die vorliegende Untersuchung jedoch nur eingeschränkt möglich. Die Windverhältnisse direkt über der Straße werden von lokalen Gegebenheiten wie zum Beispiel der Geländeform, dem Bewuchs und der Bebauung am Straßenrand beeinflusst. Außerdem beeinflussen andere Verkehrsteilnehmer, der Abstand zwischen den Fahrzeugen und deren Ausrichtung zueinander die Anströmbedingungen. Aufgrund der Nähe zum Boden verändert sich die Strömung zusätzlich. Geschwindigkeits- schwankungen klingen in vertikaler Richtung zum Boden asymptotisch ab, die Energie in Längs- und Querrichtung nimmt zu.

Um die komplexe Strömungssituation auf der Straße zu erfassen und zu beschreiben, wurden Straßenmessungen von verschiedenen Autoren durch- geführt [1, 19 bis 23]. Durch das Anbringen von Messsonden am Fahrzeug konnte die Anströmsituation unter unterschiedlichen Wind- und Verkehrsbe- dingungen sowie wechselnder Topographie erfasst werden.

Messungen auf öffentlichen Straßen mit einem mit mehreren Messsonden bestückten Fahrzeug wurden unter anderem von Wordley [20] durchgeführt. Der Fokus der Untersuchungen lag auf dem Einfluss des Verkehrs und der Bebauung am Straßenrand auf die resultierende Anströmsituation am Fahr- zeug. Das Messfahrzeug bewegte sich dabei auf Straßen mit Hindernissen am Straßenrand (Roadside Obstacles), auf Straßen mit anderen Verkehrs- teilnehmern (Freeway Traffic), in der Stadt (City Canyon) und auf Straßen mit geringer seitlicher Bebauung (Smooth Terrain). Die Versuche wurden bei einer Fahrgeschwindigkeit von 100 km/h durchgeführt. Auf der linken Seite in Abbildung 2.3 wird die Abhängigkeit des integralen Längenmaßes und des Turbulenzgrads der drei Geschwindigkeitskomponenten vom Verkehrsauf- kommen und der Bebauung am Straßenrand dargestellt. Mit zunehmendem Verkehr und zunehmenden Objekten in Straßennähe, werden die integralen Längenmaße kleiner und der Turbulenzgrad nimmt zu. Turbulenzgrade von weniger als 1 % sind sehr selten. Typisch sind Turbulenzgrade zwischen 3 und 5 %. In einer offenen, hindernisfreien Umgebung (Smooth Terrain) wird ein integrales Längenmaß von bis zu 24 m erreicht. Wird die Strömung von vorausfahrenden Fahrzeugen beeinflusst (Freeway Traffic), ändert sich das integrale Längenmaß auf Werte von kleiner 6 m. Dabei erhöht sich der Turbulenzgrad auf bis zu 16 %. Die vertikalen Komponenten (W) des Turbu- lenzgrads und des integralen Längenmaßes sind dabei deutlich kleiner als die der Längs- und Querkomponenten (U, V). Die Ergebnisse zeigen die Abhän- gigkeit des integralen Längenmaßes und des Turbulenzgrads vom Verkehrs- aufkommen und stimmen mit den Untersuchungsergebnissen von Lindner et al. [22] überein. Auf der rechten Seite in Abbildung 2.3 ist der spektrale Ge-

halt der Querkomponente (V) der Anströmung für eine Reihe von Straßenmessungen (Range of V on-road spectra) sowie dem gemessenen Spektrum
des von Wordley untersuchten Windkanals der Monash Universität (Range
of V tunnel spectra) dargestellt. Aus den Ergebnissen der Straßenmessungen
leitet Wordley ein mittleres Turbulenzspektrum ab (Suggested V target
spectra), das sich durch einen Turbulenzgrad von 3 % und ein integrales Längenmaß von 1 m auszeichnet und in seinem Verlauf dem von-Kármán-Spek-
trum entspricht. Auch Straßenmessungen von Watkins [19] haben gezeigt,
dass die am Fahrzeug resultierenden Geschwindigkeitsspektren in guter Näherung den von-Kármán-Spektren folgen.

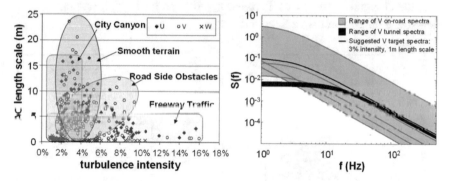

Abbildung 2.3: Integrales Längenmaß und Turbulenzgrad in Abhängigkeit
vom Verkehr und der Umgebung der Straße (links); Spek-
tren der Querkomponente der Anströmung aus Straßen- und
Windkanalmessungen (rechts) [20]

Um speziell die Strömungssituation bei starkem Wind und hohen Fahrgeschwindigkeiten zu untersuchen, führte Schröck [1] Messungen auf öffentlichen Straßen unter unterschiedlichen Windbedingungen durch. Die Untersuchungen erfolgten auf einem Autobahnabschnitt der A81 zwischen Weins-
berg und Würzburg bei einer Fahrgeschwindigkeit von 160 km/h. Die auf der
linken Seite von Abbildung 2.4 dargestellte Wahrscheinlichkeitsdichteverteilung des Anströmwinkels zeigt, dass der Verlauf sowohl für schwachen als
auch für starken Wind einer Gaußschen Normalverteilung folgt. Diese Ergebnisse decken sich mit anderen Ergebnissen aus Messungen auf öffentlichen Straßen [21, 24]. Die Verteilungsfunktion bei starkem Wind ist zudem

erkennbar breiter als bei schwachem Wind. Dies ist zum einen auf die stärkere Böigkeit des Winds zurückzuführen, die neben einer Verbreiterung auch zu einer Zunahme des Turbulenzgrads der Anströmung führt. Zum anderen ist davon auszugehen, dass bei Fahrgeschwindigkeiten über 160 km/h selbst bei starkem Wind ein Anströmwinkel von 10° nicht überschritten wird. Die Ergebnisse zeigen weiter, dass bei starkem Wind neben der Zunahme des Turbulenzgrads auch eine Zunahme des integralen Längenmaßes zu beobachten ist. Dies wird aus dem in Abbildung 2.4 rechts dargestellten Geschwindigkeitsspektrum der Querkomponente der Anströmung ersichtlich. Der Energiegehalt in der Strömung steigt mit zunehmendem Wind an. Unter starkem böigem Wind treten Turbulenzgrade von bis zu 8 % und ein integrales Längenmaß von bis zu 50 m auf.

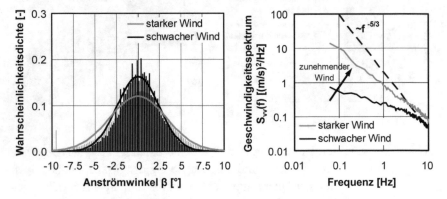

Abbildung 2.4: Wahrscheinlichkeitsdichteverteilung des Anströmwinkels (links) und Spektrum der Querkomponente der Anströmung (rechts) bei unterschiedlichen Windverhältnissen [1]

Mit den in diesem Abschnitt eingeführten statistischen Kenngrößen ist es möglich, die Strömungssituation auf der Straße beziehungsweise im Windkanal zu quantifizieren. Soll die Strömungssituation im Windkanal derjenigen auf der Straße entsprechen, müssen die Turbulenzgrade, integralen Längenmaße und Spektren übereinstimmen. Die oben dargestellten Ergebnisse aus Straßenmessungen bilden die Grundlage zur Definition der Anforderungen die an die im Windkanal zu reproduzierende Strömung gestellt werden müssen.

2.1.5   Reaktion eines Fahrzeugs auf Windanregung

In der Fahrzeugaerodynamik ist es üblich, Untersuchungen unter stationären Anströmbedingungen durchzuführen. Das Strömungsfeld in den heute üblicherweise eingesetzten Windkanälen unterliegt dabei innerhalb eines bestimmten Beobachtungszeitraums idealerweise keiner zeitlichen Änderung. Diese Situation findet sich – wie im vorherigen Abschnitt dargestellt – auf der Straße kaum wieder. Die Strömungssituation auf der Straße wird aufgrund der ständigen zeitlichen Änderungen als instationär bezeichnet. In der Aerodynamik wird außerdem von Instationärität gesprochen, wenn das Strömungsfeld um einen Körper zeitabhängig ist, wie dies zum Beispiel in Ablösegebieten am Fahrzeug der Fall ist. Der Begriff der Instationärität, beziehungsweise Stationärität, ist dabei nicht mit der Definition der in Kapitel 2.1.3 vorgestellten Stationärität stochastischer Zufallsprozesse zu verwechseln. Hierbei handelt es sich um eine in der Statistik übliche Definition der Parameter stochastischer Zufallsproesse. Nicht der Prozess selbst, sondern seine statistischen Parameter (z. B. Mittelwert und Varianz) sind stationär.

Der heute übliche Ansatz zur Beurteilung der Seitenwindempfindlichkeit eines Fahrzeugs findet, wie bereits erwähnt, im Windkanal unter stationären Anströmbedingungen statt. Das Fahrzeug wird relativ zur Anströmung um seine Hochachse gedreht und so ein stationärer Anströmwinkel eingestellt. Der auch als stationärer Gradient bezeichnete Proportionalitätsfaktor zwischen Strömungswinkel und resultierender Seitenkraft $dc_S/d\beta$, beziehungsweise Giermoment $dc_N/d\beta$ wird dann zur Beurteilung der Reaktion eines Fahrzeugs unter Seitenwind herangezogen. Die so ermittelten Kräfte und Momente sind nur in einem bestimmten Frequenzbereich gültig, strenggenommen nur bei einer Frequenz von 0 Hz, also wenn Änderungen in der Anströmung sehr langsam ablaufen. Es wird jedoch davon ausgegangen, dass die so ermittelten Kräfte bei allen Frequenzen gültig sind. Dies hat den Vorteil, dass relativ einfach zu ermittelnde stationäre aerodynamische Kraftbeiwerte als Proportionalitätsfaktoren zwischen Staudruck und resultierender Kraft verwendet werden können. Die Übertragung der ermittelten Kräfte und Momente aus dieser stationären Betrachtung auf einen Prozess mit zeitlich veränderlichen Parametern wird als quasi-stationäre Übertragung bezeichnet. Dabei werden weder die Frequenz- und Zeitabhängigkeit der Übertragung

noch die ortsabhängigen Geschwindigkeitsschwankungen der Strömung berücksichtigt.

Die Darstellung der Reaktion eines Fahrzeugs auf eine zeitlich veränderliche
Windanregung kann mit Hilfe der aerodynamische Admittanz $X_a(f)$ und der
aerodynamischen Übertragungsfunktion $H_a(f)$ erfolgen. Der Ursprung
dieser zur Darstellung der Fahrzeugreaktion verwendeten Größen ist einem
von Davenport [25] entwickelten Modell zur Berechnung aerodynamischer
fluktuierender Kräfte an Bauwerken aufgrund von Windanregung zu entnehmen. Die von Davenport eingeführte aerodynamische Admittanz X_a beschreibt die zeitliche und räumliche Übertragung der turbulenten Strömung
auf einen dreidimensionalen Körper und kann als Maß für die Effektivität der
Umsetzung von kinetischer Energie der Windanregung in Oberflächendruck
verstanden werden [1]. Somit können aerodynamische Übertragungsmecha-
nismen abgebildet werden, die durch den üblicherweise verwendeten quasi-
stationären Ansatz nicht berücksichtigt werden.

Die aerodynamische Admittanz $X_a(f)$ wird für die Seitenkraft und das Giermoment eines Fahrzeugs nach Gleichung 2.42 und 2.43 unter Verwendung
des Autoleistungsdichtespektrums des Seitenkraftbeiwerts $S_{c_S}(f)$ beziehungsweise des Giermomentbeiwerts $S_{c_N}(f)$ und des zugehörigen stationären Gradienten $dc_{S,N}/d\beta$ sowie dem Autoleistungsdichtespektrum der
Windanregung $S_\beta(f)$ berechnet.

$$X_{a,S}(f) = \sqrt{\frac{S_{c_S}(f)}{\left(\dfrac{dc_S}{d\beta}\right)^2 \cdot S_\beta(f)}} \qquad \text{Gl. 2.42}$$

$$X_{a,N}(f) = \sqrt{\frac{S_{c_N}(f)}{\left(\dfrac{dc_S}{d\beta}\right)^2 \cdot S_\beta(f)}} \qquad \text{Gl. 2.43}$$

Für sehr große Wellenlängen, also sehr kleine Frequenzen, kann davon ausgegangen werden, dass das Strömungsfeld bei instationärer Anströmung
demjenigen bei der stationären Strömung stark ähnelt. Folglich gilt unter Annahme der Gültigkeit des quasi-stationären Ansatzes:

$$\lim_{f \to 0} (X_a(f)) \to 1.$$

Bei Wellenlängen in der Größenordnung des Fahrzeugs wird das Strömungs-feld um das Fahrzeug aufgrund der Zeitabhängigkeit so verändert, dass der quasi-stationäre Ansatz seine Gültigkeit verliert. Die Form des frequenzab-hängigen Verlaufs der Admittanz ist dann von der Geometrie des Fahrzeugs abhängig. Die aerodynamische Admittanz entspricht einer fahrzeug- oder konfigurationsspezifischen Normierung der instationären Seitenkraft bezie-hungsweise des Giermoments mit den jeweiligen über den quasi-stationären Ansatz berechneten stationären Gradienten. Somit kann die Reaktion des Fahrzeugs relativ über den betrachteten Frequenzbereich betrachtet werden, jedoch kann keine Aussage über die absolut angreifenden Kräfte und Mo-mente getroffen werden. Wird jedoch auf die Normierung mit den statio-nären Gradienten verzichtet, können die absolut angreifenden Kräfte und Momente mit der aerodynamischen Übertragungsfunktion $H_a(f)$, entsprech-end Gleichung 2.44 und 2.45, dargestellt werden.

$$H_{a,S}(f) = \sqrt{\frac{S_{c_S}(f)}{S_\beta(f)}} \qquad \text{Gl. 2.44}$$

$$H_{a,N}(f) = \sqrt{\frac{S_{c_N}(f)}{S_\beta(f)}} \qquad \text{Gl. 2.45}$$

Für sehr große Wellenlängen strebt die aerodynamische Übertragungsfunk-tion gegen den stationären Gradienten des jeweiligen Fahrzeugs beziehungs-weise der Fahrzeugkonfiguration. Somit gilt:

$$\lim_{f \to 0} (H_a(f)) \to \frac{dc}{d\beta}.$$

Die aerodynamische Admittanz und die aerodynamische Übertragungsfunk-tion sind durch eine Ein-/ Ausgangsbeziehung gekennzeichnet. Die Windan-regung ist die Eingangsgröße, die daraus resultierende am Fahrzeug wirken-de Kraft, die Ausgangsgröße.

Wie erstmals von Schröck [1] gezeigt, kann das Übertragungsverhalten eines Fahrzeugs mit einem geeigneten Versuchsaufbau entsprechend Abbildung 2.5 als ein lineares, zeitinvariantes System dargestellt werden. Dabei interessieren alleine die durch die Windanregung induzierten Kräfte (extrinsisch). Körperinduzierte Kräfte (intrinsisch) – welche zum Beispiel durch Wirbelablösung am Fahrzeug selbst entstehen – werden als Systemstörung aufgefasst und durch das Modell nicht erfasst.

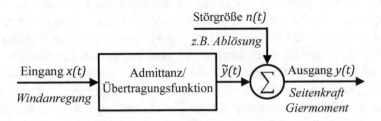

Abbildung 2.5: Fahrzeug definiert als Ein-/ Ausgangssystem mit Störgröße am Ausgang [1]

Die Überprüfung der Gültigkeit des Systems erfolgt durch die in Kapitel 2.1.3 eingeführte Kohärenz. Diese wird für die Seitenkraft und das Giermoment eines Fahrzeugs entsprechend Gleichung 2.46 und 2.47 aus dem Quotient des Kreuzleistungsdichtespektrums zwischen Windanregung und resultierender Seitenkraft $S_{\beta c_S}(f)$ beziehungsweise Giermoment $S_{\beta c_N}(f)$ und dem Produkt der jeweiligen Autoleistungsdichtespektren berechnet.

$$\gamma_{\beta S}^2(f) = \frac{\left|S_{\beta c_S}(f)\right|^2}{S_\beta(f) \cdot S_{c_S}(f)} \qquad \text{Gl. 2.46}$$

$$\gamma_{\beta N}^2(f) = \frac{\left|S_{\beta c_N}(f)\right|^2}{S_\beta(f) \cdot S_{c_N}(f)} \qquad \text{Gl. 2.47}$$

Eine Störung liegt dann vor, wenn das System seine Gültigkeit verliert. Dies kann beispielsweise auf nichtkorreliertes Messrauschen, nichtlineares Übertragungsverhalten oder auf nicht mit dem Eingangssignal korrelierte Teile des Ausgangssignals zurückgeführt werden. Der mit den Autoleistungsdichtespektren berechnete Amplitudengang der nach Gleichung 2.42 und

2.43 berechneten aerodynamischen Admittanz, beziehungsweise der nach Gleichung 2.44 und 2.45 berechneten aerodynamischen Übertragungsfunktion, ist dann mit Unsicherheiten behaftet. Werden zur Berechnung jedoch die Kreuzleistungsdichtespektren herangezogen, so werden dem Ausgangssignal überlagerte, mit dem Eingangssignal nicht korrelierte Signalteile durch Mittelung entfernt. Die Admittanz und die Übertragungsfunktion berechnen sich dann gemäß Gleichung 2.48 bis 2.51. Aufgrund der begrenzten Signallänge kann jedoch nicht von einer vollständigen Entfernung des Störsignals ausgegangen werden. Auch hier bleibt das Ergebnis bei niedriger Kohärenz mit Unsicherheiten behaftet.

$$X_{a,\beta S}(f) = \frac{|S_{\beta c_S}(f)|}{\frac{dc_S}{d\beta} \cdot S_\beta(f)}$$

Gl. 2.48

$$X_{a,\beta N}(f) = \frac{|S_{\beta c_N}(f)|}{\frac{dc_S}{d\beta} \cdot S_\beta(f)}$$

Gl. 2.49

$$H_{a,\beta S}(f) = \frac{|S_{\beta c_S}(f)|}{S_\beta(f)}$$

Gl. 2.50

$$H_{a,\beta N}(f) = \frac{|S_{\beta c_N}(f)|}{S_\beta(f)}$$

Gl. 2.51

2.1.6   Windkanal-Interferenzeffekte

Bei Messungen in einem Windkanal muss berücksichtig werden, dass –
aufgrund von verschiedenen Randbedingungen und den daraus resultierenden windkanalspezifischen Interferenzeffekten – die Strömungssituation auf
der Straße nicht vollständig fehlerfrei nachgebildet werden kann. Die Randbedingungen in einem Windkanal ergeben sich zum einem aus seiner Bauart
und zum anderen aus der Art der ausgeführten Messstrecke. Bei der Bauart
wird zwischen Windkanälen mit offener und geschlossener Luftrückführung
unterschieden. Bei der Form der Windkanalmessstrecke wird grundlegend
zwischen einer geschlossenen und einer offenen Messstrecke unterschieden.
Des Weiteren gibt es Mischformen dieser beiden Ausführungen, diese sollen
aber im Folgenden nicht näher betrachtet werden, es sei an dieser Stelle auf
die entsprechende Literatur verwiesen, z. B. Blumrich et al. [26]. In der Fahrzeugaerodynamik haben sich Windkanäle mit geschlossener Luftrückführung
und mit offener Messstrecke durchgesetzt (Göttinger Bauart). Auch der in
dieser Arbeit eingesetzte Modellwindkanal der Universität Stuttgart (MWK)
ist ein solcher Windkanal. Der Grundriss, mit seiner horizontalen Luftrückführung und der offenen Messstrecke ist in Abbildung 2.6 dargestellt.

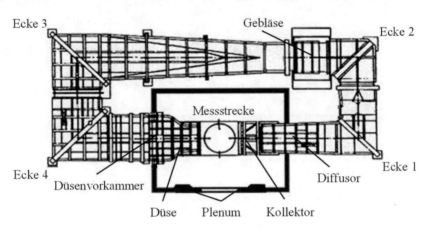

Abbildung 2.6: Grundriss des Modellwindkanals der Universität Stuttgart
(MWK), angelehnt an [27]

Die Abmessungen des Windkanalstrahls und der Messstrecke sind endlich. Der daraus resultierende Einfluss von Blockierungseffekten durch den Messkörper und seinen Nachlauf sowie der Einfluss eines längs der Messstrecke wirkenden statischen Druckverlaufs auf den gemessenen Luftwiderstand (longitudinale Kraft) ist bekannt und kann mit entsprechenden Korrekturansätzen korrigiert werden [28 bis 33]. Hierbei werden allerdings nur zeitlich gemittelte Kräfte betrachtet, instationäre Effekte werden nicht berücksichtigt. Es ist jedoch bekannt, dass bei den in der Fahrzeugaerodynamik üblicherweise eingesetzten Windkanälen mit offener Messstrecke, tieffrequente Schwankungen des Drucks und der Geschwindigkeit auftreten können. Dieses als „Windkanalpumpen" oder auch „Wummern" bezeichnete Problem kann zu einer Verfälschung von aerodynamischen und akustischen Messungen führen und wurde in der Vergangenheit von verschiedenen Autoren untersucht, siehe z. B. [34, 35]. Durch die Darstellung von Seitenwind und Turbulenz im Windkanal ergeben sich dabei besondere Herausforderungen die speziell eine Betrachtung der instationären Phänomene im relevanten Frequenz- und Geschwindigkeitsbereich erfordern.

Der natürliche Wirbelbildungsmechanismus an der Düsenperipherie, d.h. die natürliche Instabilität des Windkanalstrahls kann zu einer Anregung der in einem Windkanal mit offener Messstrecke und geschlossener Luftrückführung bekannten Resonanzphänomene führen. Die vier bekannten Resonanzphänomene sind: Raumresonanz, Rohrresonanz, die sogenannte Plenum-Helmholtz-Resonanz und die sogenannte Edgetone-Rückkopplung [34, 36].

Die Instabilität eines Freistrahlwindkanals entsteht durch kohärente Wirbelstrukturen in der Scherschicht, die sich auf die Stabilität und die Strömungsqualität in der Messstrecke auswirken. Die aus der Düse austretende Grenzschicht löst ab und bildet zwischen dem Windkanalstrahl und der ruhenden Luft im Plenum eine freie Scherschicht. Hochfrequente und kleinskalige Wirbelstrukturen, die ihren Ursprung an der Düsenaustrittskante haben, schließen sich stromabwärts zu größeren Strukturen zusammen und bewegen sich mit etwa 65–70 % der Strahlgeschwindigkeit, der sogenannten Konvektionsrate R_{con}, in Richtung des Kollektors [26]. Bei einem gegebenen Abstand x/d_h vom Düsenaustritt ist die bevorzugte Wirbelablösefrequenz f_w proportional zur Strömungsgeschwindigkeit v_∞ und umgekehrt proportional zum hydraulischen Düsendurchmesser d_h ($d_h = 4 \cdot A_N/U_N$, A_N = Düsenfläche, U_N = Umfang der Düse). Als Proportionalitätsfaktor dient die Strouhalzahl Sr, vgl. Gleichung 2.52.

$$f_W = \frac{Sr \cdot v_\infty}{d_h} = F\left(\frac{x}{d_h}\right)$$ Gl. 2.52

In der Literatur wird für einen Windkanal mit offener Messstrecke und Boden eine mittlere typische Strouhalzahl von Sr = 0.34 angegeben [26, 34, 36]. Dieser Wert basiert auf Messungen von Michel und Fröbel [37], die für eine allseitig offene Messstrecke ohne Boden, eine natürliche Wirbelablösefrequenz von Sr = 0.48 bei einem Abstand zur Düse von x/d_h = 1.3 bestimmt haben. Dieses Ergebnis wird auf einen Windkanalstrahl in einer offenen Messstrecke mit Boden durch die Spiegelung der Düse an der Bodenebene (Duplex-Geometrie) übertragen. Daraus ergibt sich ca. der Faktor $\sqrt{2}$, um den Sr = 0.48 verkleinert wird. Die sich ergebende Strouhalzahl Sr = 0.34 kann dann in Gleichung 2.52 eingesetzt werden. Tatsächlich ist eine Abnahme der Strouhalzahl mit zunehmendem Abstand zur Düse zu erwarten. Für Fahrzeugwindkanäle mit offener Messstrecke und einer üblichen Messstreckenlänge in der Größenordnung von $x/d_h \approx 2$, scheint die Strouhalzahl Sr = 0.34 jedoch eine annehmbare Näherung an die natürlichen Wirbelablösefrequenz zu liefern und findet in der einschlägigen Literatur uneingeschränkt Anwendung. Die Wirbelablösefrequenz ist dabei als Maximum des Frequenzspektrums zu deuten, das heißt die Wirbel treten nicht nur bei einer bestimmten Frequenz auf, sondern es ist vielmehr von einem breitbandigen Spektrum turbulenter Wirbelstrukturen in der Scherschicht auszugehen.

Eine physikalische Änderung der natürlichen Wirbelablösefrequenz tritt auf, wenn die natürliche Wirbelablösung eines der im Folgenden vorgestellten Resonanzphänomene anregt. Die Resonanzerscheinungen können dann die Frequenz der stromabwärts fließenden Wirbel bestimmen.

Raumresonanz: Tieffrequente Wechseldrücke können durch die Raummoden im Plenum erzeugt werden. Das Plenum ist meistens quaderförmig ausgelegt. In Räumen dieser Art treten stehende Wellen auf. Die Raummoden beschreiben dabei die sich ausbildenden Wellen der im Raum schwingenden Luft. Aufgrund der großen Abmessungen befinden sich diese

Schwingungen im Infraschallbereich. Die entstehenden Wechseldrücke sind
dabei in der Strahlmitte theoretisch null, an den Plenumswänden stellt sich
wechselseitig der maximale bzw. minimale Wechseldruck ein. Da am Strahl-
rand die Wechseldrücke nicht null sind, kann der Strahl zu Schwingungen
angeregt werden [26]. Die Raumresonanzen des Plenums f_n berechnen sich
nach Gleichung 2.53, wobei $m_{x,y,z}$ die Ordnung der Raummode und $l_{x,y,z}$
die Abmessungen des Plenums in die drei Raumrichtungen bezeichnet [34,
36].

$$f_n = \frac{c}{2} \cdot \left[\left(\frac{m_x}{l_x} \right)^2 + \left(\frac{m_y}{l_y} \right)^2 + \left(\frac{m_z}{l_z} \right)^2 \right]^{0,5} \qquad \text{Gl. 2.53}$$

Rohrresonanz: Auch in der geschlossenen Luftrückführung, der Windkanalröhre, kann sich in axialer Richtung eine Stehwelle ausbilden. Die Eigenfrequenz der Windkanalröhre f_R lässt sich mit der Schallgeschwindigkeit c
und der Länge der Windkanalröhre l_R nach Gleichung 2.54 bestimmen, m_R
steht für die Ordnung der Rohrmode [36].

$$f_R = \frac{c \cdot m_R}{2 \cdot l_R} \qquad \text{Gl. 2.54}$$

Plenum-Helmholtz-Resonanz: Ein Helmholtz-Resonator lässt sich verein-
facht durch ein Masse-Feder-System darstellen. Die Eigenfrequenz ist dabei
einerseits durch die Masse der Luft im Resonatorhals (Luftsäule in der Düse)
und andererseits durch die Nachgiebigkeit des Resonatorvolumens (Luft-
volumen im Plenum) bestimmt. Unter Berücksichtigung einiger Vereinfach-
ungen, siehe z. B. [34, 36], kann die Resonanzfrequenz f_{HR} nach Gleichung
2.55 bestimmt werden. Dabei ist das Resonatorvolumen das Volumen des
Plenums V_P, die Länge des Halses l_{HR} und r_{HR} der Radius des Halses.

$$f_{HR} = \frac{c}{2\pi} \cdot \sqrt{\frac{\pi \cdot r_{HR}^2}{V_P \cdot \left(l_{HR} + r_{HR} \cdot \frac{\pi}{2} \right)}} \qquad \text{Gl. 2.55}$$

Edgetone-Rückkopplung: Die Wirbelablösefrequenz an der Düsenperipherie kann auch durch die sogenannte Edgetone-Rückkopplung beeinflusst werden. An der Düsenperipherie schwimmt ein Wirbel ab und wird mit der mitt-

leren Geschwindigkeit der Scherschicht in Richtung des Kollektors transportiert. Bei Auftreffen auf den Kollektor löst der Wirbel einen Druckstoß aus, der als akustische Welle mit Schallgeschwindigkeit zurückläuft und an der Düsenperipherie den nächsten Wirbel auslöst. Nach Rossiter [38] berechnet sich die Frequenz der Edgetone-Rückkopplung mit Gleichung 2.56, wobei m_E die Ordnung der Mode darstellt, l_{TS} die Länge der Messstrecke, R_{con} die mittlere Konvektionsrate mit der die Wirbel in der Scherschicht stromabwärts schwimmen ($R_{con} = 0.65$–0.7), c ist die Schallgeschwindigkeit und v_∞ ist die Strömungsgeschwindigkeit in der Messstrecke.

$$f_E = \left(\frac{1}{m_E} \cdot \frac{l_{TS}}{R_{con} \cdot v_\infty} + \frac{l_{TS}}{c - v_\infty} \right)^{-1} \qquad \text{Gl. 2.56}$$

Das von Rossiter [38] an überströmten Hohlräumen entwickelte Modell lässt sich zwar wie oben beschrieben auf Fahrzeugwindkanäle übertragen, jedoch ist die Relevanz dieses Phänomens bei geringen Strömungsgeschwindigkeiten ($Ma < 0.3$) nicht vollständig verstanden [34, 39 bis 41].

Eine Zusammenstellung der oben aufgeführten Resonanzfrequenzen im für diese Arbeit relevanten Frequenz- sowie Geschwindigkeitsbereich ist in Abbildung 2.7 dargestellt. Die zur Berechnung herangezogenen Abmessungen des MWK sind in Tabelle 2.1 zusammengefasst.

Die Rohrlänge der Luftrückführung gemessen von der Eintrittsebene des Kollektors über das Gebläse bis zur Austrittsebene der Düse beträgt 47.42 m. Die Rohrresonanz ergibt sich zu $f_R = 3.6$ Hz und ganzzahligen Vielfachen davon. Anhand der Plenumsmaße ergibt sich eine niedrigste Raumresonanz des Plenums von $f_n = 19.7$ Hz. Die Raumresonanz liegt damit nicht im für diese Arbeit relevanten Frequenzbereich. Unter der Annahme, dass der Resonator aus dem Plenum als Volumen und der Düse als Hals besteht, ergibt sich eine Plenum-Helmholtz-Resonanz von $f_{HR} = 2.7$ Hz. Als effektive Länge des Halses wird die Strecke von der Düsenaustrittsebene bis zum Beginn der Querschnittsexpansion angenommen. Daraus ergibt sich die Länge der stehenden Luftsäule zu $l_{HR} = 1$ m. Die Raumresonanz, die Rohrresonanz und die Plenum-Helmholtz-Resonanz sind weitestgehend unabhängig von der Strömungsgeschwindigkeit des Windkanalstrahls.

Tabelle 2.1: Abmessungen des Modellwindkanals (MWK)

Abmessungen der Düse (Breite x Höhe)	1.575 m x 1.05 m
Düsenfläche A_N	1.65 m²
hydraulischer Düsendurchmesser d_h	1.26 m
Länge der Messstrecke l_{TS}	2.585 m
Volumen des Plenums V_P	261.93 m³
Länge der stehenden Luftsäule l_{HR}	1 m
Radius des Resonatorhalses r_{HR}	1.26 m
Rohrlänge l_R	47.42 m
Länge des Plenums l_x	8.75 m
Breite des Plenums l_y	6.85 m
Höhe des Plenums l_z	4.37 m

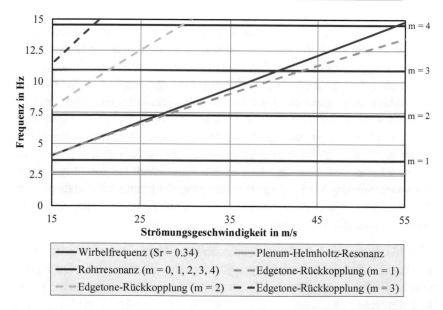

Abbildung 2.7: Darstellung der berechneten Resonanzfrequenzen im relevanten Frequenz- und Geschwindigkeitsbereich im MWK

In der Realität ist aufgrund der Wechselwirkung der einzelnen Resonanzerscheinungen und deren Rückwirkung auf den Wirbelbildungsmechanismus
an der Düse ein deutlich komplexeres Verhalten zu erwarten. Dies erschwert
in vielen Fällen die eindeutige Identifikation der einzelnen Mechanismen.
Eine Anregung dieser Resonanzen durch die in der Scherschicht vorherrschenden Wirbelstrukturen ist zu vermeiden. Wie bereits dargestellt, können
die Resonanzerscheinungen zu einer Verfälschung der Messergebnisse und
im schlimmsten Fall sogar zu einer Beschädigung der Gebäudestruktur des
Windkanals führen.

Wickern [34] konnte zeigen, dass durch Resonanzerscheinungen verursachte
Druckpulsationen die am Fahrzeug resultierenden Kräfte und Drücke verfälschen. Beim Vorhandensein von Druckpulsationen wurden Einbrüche des
zeitlich gemittelten Luftwiderstandbeiwerts um bis zu 5 % und des Auftriebsbeiwerts an der Hinterachse um bis zu 10 % ermittelt. Wickern führt
dies auf das verstärkte Entrainment des Windkanalstrahls zurück, das heißt
die Menge des vom Strahl aus der ruhenden Umgebung mitgerissenen Fluids
nimmt zu und erzeugt dadurch einen erhöhten axialen Druckgradienten in der
Nähe des Kollektors. Dieser beeinflusst den Druck auf der Heckfläche des
Fahrzeugs und führt so zu einer Verfälschung der aerodynamischen Kräfte.
Auch Untersuchungen von Wehrmann [35] an einem akustisch angeregten
Freistrahl haben gezeigt, dass die Menge des vom Strahl aus der ruhenden
Umgebung mitgerissenen Fluids durch eine akustische Anregung im Vergleich zum natürlichen Strahl deutlich erhöht wird. Durch die Querbewegungen der Wirbel in der Scherschicht wird durch turbulente Mischungs-
prozesse mit der ruhenden Luft im Plenum Fluid außerhalb der Scherschicht
aufgenommen und stromab transportiert. Es entsteht senkrecht zur Hauptströmungsrichtung eine Ausgleichsströmung (Entrainment). Dadurch verändert sich die Massenbilanz im Strahl und somit auch die Rückwirkung des
Kollektors auf die Messstrecke.

Eine häufig verwendete passive Maßnahme zur Unterdrückung der Resonanz
der verschiedenen Eigenschwingungsformen des Windkanals ist das Anbringen von Wirbelerzeugern am Düsenrand. Diese Wirbelerzeuger sollen die
zweidimensionalen kohärenten Wirbelstrukturen in der Scherschicht durch
die Überlagerung von drehenden Komponenten zerstören und eine Resonanz
der verschiedenen Eigenschwingungsformen des Windkanals unterbinden.

Auch im MWK sind solche Wirbelerzeuger am Düsenrand, die sogenannten Deltawings, angebracht. Zur Beurteilung der Effektivität dieser Maßnahmen sowie zur Identifikation von Resonanzerscheinungen wird häufig der Druckschwankungskoeffizient herangezogen. Der Druckschwankungskoeffizient $c_{p,rms}$ berechnet sich nach Gleichung 2.57 mit dem Gesamtschalldruckpegel (*OASPL*: Overall Sound Pressure Level) und dem dynamischen Druck p_{dyn} der Strömung. Für eine detaillierte Beschreibung dieses Messverfahrens wird auf die entsprechende Literatur verwiesen [26, 36].

$$c_{p,rms} = \frac{10 \cdot \exp\left(\frac{OASPL}{20} + log(20\mu Pa)\right)}{q_\infty} \cdot 100\,\% \qquad \text{Gl. 2.57}$$

Die Ergebnisse einer solchen Messung im MWK sind in Abbildung 2.8 dargestellt.

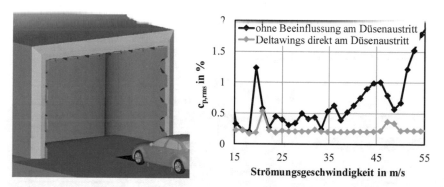

Abbildung 2.8: Darstellung der Windkanaldüse mit Deltawings (rot) am Düsenaustritt (links) und im Plenum des Modellwindkanals bei leerer Messstrecke gemessener Druckschwankungskoeffizient $c_{p,rms}$ (rechts)

Mit den Deltawings am Düsenaustritt kann die mittlere quadratische Abweichung der Druckbeiwerte auf unter 0.3 % reduziert werden. Im für diese Arbeit relevanten Geschwindigkeitsbereich zwischen 25 und 45 m/s ist kein dominantes Resonanzphänomen bekannt. Erst bei einer Geschwindigkeit von

55 m/s kommt es zu Resonanzerscheinungen, diese können allerdings durch die Deltawings unterbunden werden. Bei allen in dieser Arbeit vorgestellten Untersuchungen, soweit nicht anders angegeben, sind die Deltawings am Düsenaustritt installiert. Das durch die Überströmung solcher Elemente entstehende akustische Eigengeräusch ist im MWK zu vernachlässigen, da dieser nicht als Akustikwindkanal bedämpft ist, so dass das Eigengeräusch der Deltawings maskiert wird.

Um den Entstehungsmechanismus kohärenter Wirbelstrukturen in der Scherschicht des Windkanalstrahls näher zu erläutern, werden im Folgenden einige grundlegende Betrachtungen sowie Erkenntnisse aus der Literatur vorgestellt.

Die räumliche und zeitliche Ausbreitung einer der Scherschicht aufgeprägten Störung kann durch die Kelvin-Helmholtz-Instabilität beschrieben werden. Die Kelvin-Helmholtz-Instabilität wurde zuerst von Hermann von Helmholtz [42] und Lord Kelvin [43] untersucht. Sie kann durch analytische Gleichungen, die sogenannten Rayleigh-Gleichungen [44], beschrieben werden. Der grundlegende Entstehungsmechanismus der Kelvin-Helmholtz-Instabilität soll anhand von Abbildung 2.9 erläutert werden.

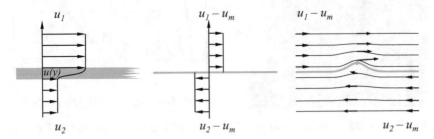

Abbildung 2.9: Strömungsprofil einer freien Scherschicht (links); Bezugssystem einer unendlich dünnen Scherschicht (Mitte); Auslenkung der Scherschicht bei Vorhandensein einer Störung (rechts), angelehnt an [45]

Zwischen zwei geschichteten, parallel mit verschiedenen Geschwindigkeiten u_1 und u_2 strömenden inkompressiblen zähigkeitsfreien Fluiden, bildet sich eine freie Scherschicht aus (Abbildung 2.9 links). Diese ist durch große

Geschwindigkeitsgradienten du/dy charakterisiert. Unter der Annahme einer unendlich dünnen Scherschicht lässt sich ein idealisiertes Bezugssystem mit $u_m = (u_1 + u_2)/2$ herleiten (Abbildung 2.9 Mitte). Erfährt diese Scherschicht eine kleine Störung quer zur Strömungsrichtung, stellt sich nach der Bernoulli-Gleichung aufgrund der schnelleren Strömung im oberen Gebiet ein statischer Unterdruck und im unteren ein statischer Überdruck ein (Abbildung 2.9 rechts). Aufgrund der sich einstellenden Asymmetrie der Strömungsgeschwindigkeit wird die Scherschicht in Richtung der höheren Geschwindigkeit transportiert, was im weiteren Verlauf zu einem Anwachsen der Auslenkung führt.

Auch bei einer – wie in Abbildung 2.10 dargestellt – räumlich sinusförmigen Auslenkung der Scherschicht wächst diese aufgrund der destabilisierenden Druckfelder zeitlich an. Die benachbarten stark gekrümmten Berge und Täler laufen aufeinander zu. Im weiteren Verlauf führt dies zu einem Aufrollen der Scherschicht. Die in der freien Scherschicht durch die Kelvin-Helmholtz-Instabilität entstehenden Querwirbel paaren sich im weiteren Verlauf. Zwei aufeinander folgende Wirbel verschmelzen zu einem sekundären Wirbel mit etwa doppelt so großer Wellenlänge. Die Erscheinungsform dieser großskaligen Querwirbel, die oftmals auch als kohärente Wirbelstrukturen bezeichnet werden, hängt von der Reynoldszahl ab [46].

$u_1 - u_m$

$u_2 - u_m$

Abbildung 2.10: Aufrollen einer räumlich sinusförmig ausgelenkten Scherschicht, angelehnt an [45]

In wie weit diese theoretische Betrachtung der Kelvin-Helmholtz-Instabilität auf einen Windkanalstrahl mit turbulenter Scherschicht übertragen werden kann ist unklar, sie kann allerdings einen Beitrag zum Verständnis des Strahlverhaltens bei unterschiedlichen Anregemechanismen liefern. Grundlegende Untersuchungen zu dem Phänomen der Freistrahlinstabilität bei unterschiedlichen Anregemechanismen wurden von Ickler [47] und Ackermann [48] durchgeführt.

Ickler untersuchte die Freistrahlinstabilität eines ebenen laminaren Freistrahls in einem vertikal stehenden Wasserkanal. Durch einen in den Seiten-
wänden des Kanals integrierten, aus Gummimembranen bestehenden, Aktua-
tor wurde der aus der Düse austretende Strahl seitlich ausgelenkt und die
wellenförmige Querbewegung des Strahls mit in Strömungsrichtung anwachsender Amplitude untersucht. Die Messungen wurden in einem Reynolds-
zahlbereich von $Re = 100-250$ ($v \approx 1 \cdot 10^{-6}$ m²/s in Wasser) gemacht. Der
untersuchte Frequenzbereich von $f = 0.5-4$ Hz entspricht einem Strouhalzahlbereich von $Sr = 0.008-0.64$ (l_{char} = Düsenbreite).

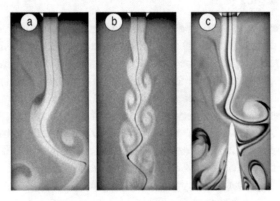

Abbildung 2.11: Konvektive und globale Instabilität des Freistrahls
($v_{\infty,Wasser} = 0.053$ m/s, $Re = 100$) mit künstlicher
Anregung $f = 1$ Hz (a) und $f = 2$ Hz (b) und selbsterregte
Schwingung des Strahl-Kanten-Systems (c) [47]

Das in Abbildung 2.11 dargestellte Strömungsfeld veranschaulicht die durch
eine künstliche Auslenkung verursachte wellenförmige Querbewegung bei
unterschiedlicher Anregefrequenz (a) und (b), die eine in Strömungsrichtung
anwachsende Amplitude verursacht. Wächst die aufgeprägte Störung wie in
Fall (a) und (b) mit dem Laufweg an, dann wird von konvektiver Instabilität
gesprochen. Handelt es sich um eine selbsterregte Schwingung, das heißt um
eine Störung, die zeitlich anwächst aber am Ort der Entstehung für alle
Zeiten stehen bleibt, dann wird von globaler Instabilität gesprochen. Eine
durch eine die Strömung aufteilende Kante erzeugte globale Instabilität
wurde, wie in (c) dargestellt, ebenfalls untersucht. In diesem Fall verursacht

die Rückkopplung der Kante im Freistrahl eine selbsterregte Schwingung des Strahl-Kanten-Systems. Ickler konnte zeigen, dass durch eine aktive Regelung der Strömungsauslenkung am Düsenaustritt die instabilitätsverursachenden Mechanismen des Strahl-Kanten-Systems verändert werden. Eine vollständige Unterdrückung der Instabilität des Strömungssystems ist jedoch nicht möglich [47].

Ackermann führte Untersuchungen an einem natürlichen und künstlich angeregten runden turbulenten Freistrahl durch. Der Fokus lag dabei auf der Schallabstrahlung des Freistrahls. Die Untersuchungen wurden bei einer Strömungsgeschwindigkeit von $v_\infty = 90$ m/s durchgeführt. Daraus resultiert eine Reynoldszahl von $Re = 4.5 \cdot 10^5$ ($v \approx 1.5 \cdot 10^{-5}$ m²/s in Luft) in Bezug auf den hydraulischen Düsendurchmesser $d_h = 0.075$ m. Es wurde ein Strouhalzahlbereich von $Sr = 0.1–1.5$ betrachtet. Zur Bestimmung der Druckspektren auf der Strahlachse und in der Scherschicht wurde ein Mikrofon mit Nasenkonus verwendet.

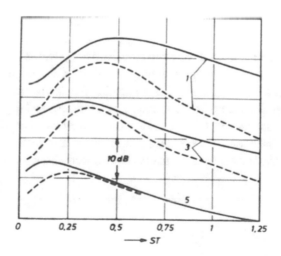

Abbildung 2.12: Druckspektren des natürlichen runden Freistrahls in Abhängigkeit vom Abstand $x/d_h = 1, 3 ,5$ von der Düse; durchgezogene Linie: Mikrofon in der Scherschichtmitte, gestrichelte Linie: Mikrofon auf der Strahlachse [48]

In Abbildung 2.12 sind die auf der Strahlachse und in der Mitte der Scher-schicht gemessenen Druckspektren des natürlichen, also nicht künstlich an-geregten Freistrahls bei unterschiedlichen Abständen von der Düse darge-stellt. Das Maximum des Spektrums verschiebt sich mit wachsendem Abstand x/d_h zu kleineren Strouhalzahlen. Ackermann führte die Druck-schwankungen im Strahl auf die durch turbulente Mischungsvorgänge des Strahls mit der ruhenden Luft entstehenden Instabilitätswellen in der Scher-schicht zurück. Zusätzlich wurde eine breitbandige Anregung des Strahls mit einem Lautsprecher in der Düsenvorkammer untersucht. Bei Anregung mit Lautsprecher konnte keine Änderung des mittleren Strömungsprofils hinter der Düse festgestellt werden. Bei breitbandiger Anregung nehmen die Pegel der Druckspektren zwar zu, die identifizierten Maxima stimmen für Strouhal-zahlen $Sr < 0.6$ jedoch sehr gut mit denen des natürlichen Freistrahls überein [48].

Die Relevanz der vorgestellten Instabilitätsphänomene in einem Fahrzeug-windkanal, sowie der Einfluss von Instabilitätswellen in der Scherschicht auf ein Fahrzeug im Strahlkern im für die Fahrdynamik relevanten Frequenz-bereich, ist weitgehend unbekannt. Aufgrund der in der Fahrzeugaerodyna-mik üblicherweise eingesetzten zeitlichen Mittelung der Kräfte werden in-stationäre Effekte nicht berücksichtigt. Die durch die gezielte Auslenkung des Windkanalstrahls verursachte dynamische Wechselwirkung des Strahl-verhaltens und die daraus resultierende Rückwirkung auf ein Fahrzeug ist nicht bekannt. Es gibt in der Literatur kaum Angaben über die Art der zu erwartenden Einflüsse, die Größenordnung ihres Einflusses und darüber, welche Wechselwirkung der Einfluss in den Messergebnissen verursacht.

2.2 Stand der Technik

Nachfolgend wird der aktuelle Stand der Technik hinsichtlich der Untersuchung und Simulation des instationären aerodynamischen Fahrzeugverhaltens unter Seitenwind dargestellt. Neben den zur Beurteilung des Seitenwindverhaltens von Fahrzeugen verwendeten Methoden wird auch auf die Simulation von böigem Seitenwind in Windkanälen eingegangen.

Ein bis heute weit verbreiteter Ansatz zur Bewertung der Seitenwindempfindlichkeit eines Fahrzeugs ist die Vorbeifahrt an einer Seitenwindschleuse. Das Fahrzeug passiert hierbei ein von Gebläsen in Querrichtung künstlich erzeugtes Strömungsfeld. Als Bewertungskriterium wird die Spurabweichung des Fahrzeugs (sog. „open loop", d. h. die Spurabweichung mit blockierter Lenkung) oder der nötige Lenkaufwand zum Halten der Spur (sog. „closed loop", d. h. das Halten der Spur mit Ausregelversuchen des Fahrers) herangezogen. Die Untersuchungen werden in der Regel bei sehr großen Anströmwinkeln $\beta \approx 30°$ durchgeführt [49, 50]. Die dabei erzeugte Strömungssituation ähnelt dem Durchfahren einer Schneise oder Brücke oder dem Fahren bei einem Lkw-Überholmanöver. Wie in Kapitel 2.1.4 vorgestellt, sind Anströmwinkel selbst bei starkem böigem Wind selten größer als $10°$. Vor allem aber wird die Böigkeit des natürlichen Winds nicht berücksichtigt, die Beurteilung der aerodynamischen Eigenschaften erfolgt im Zeitbereich. Des Weiteren ist eine Bewertung im frühen Entwicklungsstadium nicht möglich, da ein fahrtüchtiger Prototyp vorhanden sein muss. Aufgrund der komplexen Interaktion zwischen den im Gesamtsystem Fahrer-Fahrzeug wirkenden Mechanismen (Fahrer, Fahrdynamik und Aerodynamik) ist eine getrennte Betrachtung der aerodynamischen Eigenschaften des Fahrzeugs nicht möglich. Es hat sich auch gezeigt, dass eine Korrelation der objektiven Bewertung mit dem subjektiven Fahreindruck nicht erreicht wird [2].

Eine Bewertung unter realistischen Anströmbedingungen kann durch Straßenmessungen unter natürlichem Seitenwind auf öffentlichen Straßen erfolgen [2 bis 4, 51]. Dabei kann das Übertragungsverhalten des Fahrzeugs im Frequenzbereich betrachtet werden. Diese Vorgehensweise führt zu einer besseren Übereinstimmung zwischen objektiver Bewertung und subjektivem Fahreindruck [2]. Die Untersuchungen helfen, den für den Fahreindruck relevanten Frequenzbereich einzugrenzen. Der für die Fahrdynamik relevante Frequenzbereich reicht bis 2 Hz. Unterhalb von 0.5 Hz kann der Fahrer Störungen sehr gut ausregeln, bei Frequenzen zwischen 0.5 und 2 Hz verstärkt der Fahrer die Fahrzeugreaktionen aufgrund seines Lenkeingriffs [2, 3]. Oberhalb von 2 Hz kann der Fahrer nicht mehr auf Störungen reagieren. Vor allem das Gieren des Fahrzeugs, welches vom Fahrer als ein „Abdrehen von der Spur" wahrgenommen wird, ist als besonders komfortrelevant zu bewerten. Aufgrund der nicht abschätzbaren Sicherheitsrisiken sowie der Abhängigkeit von den nicht planbaren Windbedingungen, sind Straßenmessungen im Entwicklungsprozess nur bedingt einsetzbar. Auch hier muss ein fahrtüchtiger Prototyp vorhanden sein.

Im Vergleich zu Straßenmessungen und Fahrversuchen bieten Windkanalmessungen den Vorteil, dass sie vergleichsweise einfach durchzuführen sind und schon in einem sehr frühen Entwicklungsstadium mit Modellen gearbeitet werden kann. Der klassische Prozess bei der Bestimmung der Seitenwindempfindlichkeit eines Fahrzeugs im Windkanal erfolgt unter stationären Anströmbedingungen. Dabei wird das Fahrzeug relativ zur Anströmrichtung um seine Hochachse gedreht. Das Strömungsfeld unterliegt hierbei keiner zeitlichen Änderung und unterscheidet sich deutlich von den auf der Straße vorherrschenden Anströmbedingungen. Die Windkanalströmung ist in der Regel sehr turbulenzarm ($Tu < 0.5$ %), das Spektrum der Geschwindigkeitsschwankungen ist sehr gering.

Zur Beurteilung der aerodynamischen Fahrzeugeigenschaften unter den für die Fahrdynamik relevanten Anströmbedingungen, wie sie auf der Straße unter starken Windbedingungen auftreten, wurden in jüngster Vergangenheit Anstrengungen unternommen, um eine realistische Anströmbedingung im Windkanal zu erzeugen und deren Auswirkung auf die Aerodynamik des Fahrzeugs zu bestimmen. Aufgrund der komplexen Aufgabenstellung wurde eine Vielzahl von unterschiedlichen Versuchsaufbauten vorgestellt. Dabei lassen sich zwei methodisch unterschiedliche Ansätze zur Erzeugung einer zeitlich veränderlichen Anströmung im Windkanal unterscheiden [52]:

- stationäre Strömung, bewegtes Modell
- instationäre Strömung, stationäres Modell.

Eine dem ersten Ansatz zuzuordnende Untersuchungsmethode ähnelt dabei sehr stark der Vorbeifahrt an einer Seitenwindschleuse. Das Fahrzeug wird zusammen mit der Waage, welche die wirkenden Kräfte misst, auf einem Schlitten an der Windkanaldüse vorbeibewegt. Die begrenzte Düsenbreite und die zu realisierenden Schienenlänge erfordern starke Beschleunigungen des Modells. Die dabei auftretenden Vibrationen und Erschütterungen stellen hohe Anforderungen an die verwendete Messtechnik und resultieren häufig in einem schlechten Signal-Rauschabstand [53]. Entsprechende Untersuchungen des transienten Verhaltens von Seitenkraft und Giermoment an einfachen Grundkörpern und Fahrzeugmodellen im Maßstab 1:10 von Cairns [54] und Chadwick et al. [55] zeigen eine Zunahme der Kräfte gegenüber den unter stationären Anströmbedingungen ermittelten Kräften. Die Auswertung und Beurteilung der Kräfte im Zeitbereich zeigt, dass vor allem beim Eintritt in die vom Windkanalstrahl erzeugte Böe, ein Überschwingen der transienten Kräfte im Vergleich zum stationären Wert zu beobachten ist. Anhand von Druckmessungen auf den Seitenflächen eines Modells konnte gezeigt werden, dass der transiente Verlauf des Giermoments vor allem durch die leeseitige Strömungsablösung an der Front des Modells verursacht wird.

Eine ebenfalls dem ersten Ansatz zuzuordnende Untersuchungsmethode wird durch die dynamische Rotation des Modells um seine Hochachse relativ zur stationären Anströmung realisiert. Problem dieser Untersuchungen ist allerdings, dass sich der Anströmvektor zwar zeitlich verändert, er aber streng genommen zu einem beliebigen Zeitpunkt an jedem Ort des Fahrzeugs gleich groß ist. Diese Strömungssituation entspricht nicht den auf der Straße unter instationärem Seitenwind vorherrschenden Anströmbedingungen. Es wandern keine Wellen über das Fahrzeug, die eine Umströmung mit unterschiedlichen Strömungswinkeln am Fahrzeug erzeugen. Entsprechende Untersuchungen von Passmore et al. [56] an einem vereinfachten Fahrzeugmodell im Maßstab 1:6 zeigen, abhängig von der Heckschräge des Modells, einen Anstieg des instationären Giermoments. Dabei oszilliert das Modell bei diskreten Frequenzen um bis zu $\pm 10°$ um seine Hochachse. Der untersuchte Strouhalzahlbereich von 0.03 bis 0.22, wird durch eine Veränderung der Frequenz und der Geschwindigkeit eingestellt. Die Strömungsgeschwindigkeit liegt zwischen 10 und 40 m/s ($Re = 4.3 \cdot 10^5 – 1.7 \cdot 10^6$). Bei der Modellkonfiguration mit 20° Heckschräge übersteigt das Giermoment den stationären Wert um etwa 40 %. Bei Heckschrägen von 30° und 40° sind die Überhöhungen des Giermoments sogar viermal so groß wie der stationäre Wert. Passmore führt die Überhöhung vor allem auf die instationäre Ablösung an der Heckschräge, bzw. C-Säule des verwendeten Modells zurück. Durch das Anbringen von Abrisskanten im Bereich der C-Säule konnten die instationären Momente deutlich reduziert werden. Wojciak [57] führt ähnliche Untersuchungen an einem Fahrzeugmodell mit Vollheck, Stufenheck und Fließheck im Maßstab 1:2.5 durch. Das Modell oszilliert mit 2 Hz um bis zu ±4° um seine Hochachse. Der untersuchte Strouhalzahlbereich von 0.06 bis 0.24 wird durch eine Veränderung der Anströmgeschwindigkeit zwischen 20 und 78 m/s eingestellt ($Re = 3 \cdot 10^6 - 1.2 \cdot 10^7$). Vor allem das Stufenheck zeigt bei einer Strouhalzahl von $Sr = 0.12$ ($f = 2$ Hz und $v_\infty = 140$ km/h) eine deutliche Überhöhung des instationären Giermoments. Wojciak führt die Überhöhung des Giermoments auf eine veränderte Ablösung am Heck des Fahrzeugs zurück. Im Vergleich zu den stationären Kräften ist eine Abnahme der hinteren Seitenkraft bei etwa gleich großer vorderer Seitenkraft zu beobachten. Dies führt zu einem Anstieg des instationären Giermoments.

Der zweite Ansatz, mit instationärer Strömung und stationärem Modell, lässt sich, je nach Art der gewählten Methode zur Erzeugung der instationären Strömung, unterteilen in:

- passive Methoden zur Böenerzeugung

- aktive Methoden zur Böenerzeugung.

Passive Systeme zur Böenerzeugung, meist in Form von Gittern oder stumpfen Körpern, die stromaufwärts vor dem Fahrzeugmodell platziert werden, erzeugen eine homogene Turbulenz mit hohen Turbulenzgraden. Die erzeugten turbulenten Längenskalen sind, aufgrund der begrenzten Länge der Messstrecke, zu klein um die für die Richtungsstabilität relevanten Längenskalen zu erzeugen [58]. Verschiedene Autoren haben Untersuchungen an Fahrzeugen unter passiv erzeugten Anströmbedingungen durchgeführt, der Fokus dieser Untersuchungen liegt jedoch in der Auswirkung eines erhöhten Turbulenzgrads auf die Änderung der zeitlich gemittelten Kraftbeiwerte [19, 59, 60]. Die für die Richtungsstabilität relevante Seitenkraft und das Giermoment wurden dabei nicht betrachtet.

Um die für die Richtungsstabilität relevanten, bei starkem böigen Wind auftretenden Längenskalen zu erzeugen, sind aktive Methoden zur Böenerzeugung notwendig. Im Folgenden werden grundlegende Untersuchungen der aerodynamischen Admittanz an Fahrzeugmodellen unter aktiv erzeugten Anströmbedingungen, die die für die Fahrdynamik relevanten Längenskalen und Turbulenzgrade beinhalten, vorgestellt.

Erste grundlegende Untersuchungen der aerodynamischen Admittanz an einem vereinfachten Fahrzeugmodell im Maßstab 1:12 werden von Mullarkey [6] durchgeführt. Dabei wird ein oszillierendes Flügelpaar, bestehend aus zwei symmetrischen NACA0015 Flügelprofilen mit einer Profilsehnenlänge von $l_c = 0.2$ m und einem dimensionslosen Flügelabstand von $d/l_c = 1$, stromaufwärts vor dem Fahrzeugmodell platziert. Das System befindet sich in einem Windkanal mit geschlossener Messstrecke. Der quadratische Querschnitt der geschlossenen Messstrecke beträgt 0.85 m^2. Daraus ergibt sich für das untersuchte Modell eine Blockierung von 1.1 %. Bei Flügelwinkeln von $\alpha = \pm 13°$, können Strömungswinkel von bis zu $\beta = \pm 7°$ erzeugt werden. Die sinusförmige Auslenkung der Strömung erfolgt durch die inkrementelle Änderung der Bewegungsfrequenz der Flügel. Bei einer Strömungsgeschwindigkeit von 20 m/s ($Re = 4.5 \cdot 10^5$) können Frequenzen zwischen 3 und 22 Hz ($Sr = 0.05$–0.35) erzeugt werden. Die auf das Modell wirkenden Kräfte werden durch eine in das Modell integrierte Waage gemessen. Zur Charakterisierung des sinusförmig ausgelenkten Strömungsfelds in der leeren Messstecke des Windkanals führt Mullarkey Messungen mit einem Hitzdrahtanemometer durch. Aus den Ergebnissen der Standardabweichung der lateralen und transversalen Geschwindigkeitskomponenten in unterschiedlichen Abständen hinter den Flügeln und über die Breite und Höhe der Messstrecke leitet er ab, dass die Gleichförmigkeit des Strömungsfelds im Rahmen der Messgenauigkeit als ausreichend zu bewerten ist. Er geht deshalb von einem kohärenten Strömungsfeld hinter den Flügeln aus. Außerdem kann, solange keine Strömungsablösung an den Flügelprofilen vorherrscht, eine Linearität des resultierenden Strömungswinkels bei unterschiedlichen Anregefrequenzen festgestellt werden.

Die in Abbildung 2.13 dargestellten Ergebnisse für das 1:12 Davis-Modell [61] mit 0° Heckschräge (Vollheck) zeigen die Admittanz der Seitenkraft und des Giermoments. Die gewählte Darstellung der Admittanz entspricht dem quadratischen Wert der in Kapitel 2.1.5 vorgestellten aerodynamischen Admittanz eines Fahrzeugs. Die Ergebnisse sind über der reduzierten Frequenz aufgetragen, diese entspricht einer Multiplikation der Strouhalzahl mit π, als charakteristische Länge wird die Fahrzeuglänge l_{Fzg} verwendet.

$$\text{Reduced Frequency} = \pi \cdot \frac{f \cdot l_{Fzg}}{v_\infty}$$

Anders als dies nach der Theorie der Admittanz zu erwarten wäre, zeigen die Werte der Seitenkraft und des Giermoments bei niedrigen Frequenzen Werte kleiner als 1. Obwohl die erzeugten Wellenlängen mehr als das zwanzigfache der Modellänge betragen, weist das Strömungsfeld bei kleinen Frequenzen keinen stationären Charakter auf. Bei höheren Frequenzen ist die Seitenkraft immer kleiner als 1. Das Giermoment übersteigt Werte von 1 für reduzierte Frequenzen > 1.3 (*Sr* > 0.41). Mullarkey schließt aus den Ergebnissen, dass der klassisch verwendete quasi-stationäre Ansatz zur Bestimmung der Seitenkraft und des Giermoments, eine konservative Abschätzung der Kräfte und Momente unter instationären Anströmbedingungen liefert.

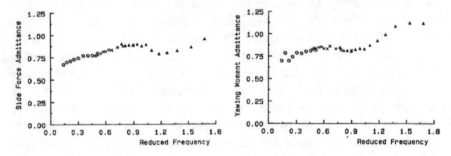

Abbildung 2.13: Admittanz X_a^2 von Seitenkraft (links) und Giermoment (rechts) für das Davis-Modell mit $0°$ Heckschräge (Vollheck) [6]

Ähnliche Untersuchungen werden von Passmore et al. [7] an einem 1:6 Davis-Modell mit $20°$ Heckschräge durchgeführt. Das auf der Arbeit von Mullarkey basierende System zur sinusförmigen Auslenkung der Strömung ist in Abbildung 2.14 dargestellt. Wie bei Mullarkey liegt das System in der geschlossenen Messstrecke eines Windkanals mit geschlossener Luftrückführung. Die Messstrecke ist 1.6 m breit und 1 m hoch, die durch das Fahrzeugmodell resultierende Blockierung beträgt 2.3 %. Das System kann bei einer Strömungsgeschwindigkeit von 22 m/s ($Re = 1\cdot10^6$) Frequenzen zwischen 1 und 8 Hz ($Sr = 0.03$–0.23) erzeugen. Wie bei Mullarkey befindet sich das Fahrzeugmodell zwischen den Nachläufen zweier symmetrischer NACA0015 Flügelprofile mit einer Profilsehnenlänge von $l_c = 0.3$ m und einem dimensionslosen Flügelabstand von $d/l_c = 1$. Auf die Eigenschaften des sinusförmig ausgelenkten Strömungsfelds geht Passmore nicht weiter ein.

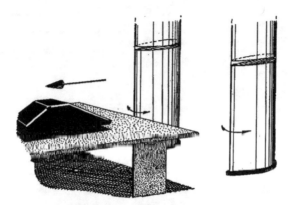

Abbildung 2.14: Schematische Darstellung des Systems zur Erzeugung von sinusförmigen Windböen [7]

Anstatt einer Modellwaage im Inneren des Modells wählt Passmore einen anderen Ansatz zur Ermittlung der auf das Modell wirkenden Kräfte unter dynamischer Strömungsauslenkung. Er zieht 144 Druckmessstellen auf einer Seitenfläche des Modells heran, um die auf das Modell wirkende Seitenkraft und das Giermoment zu bestimmen. Die Drücke werden dabei ausschließlich auf einer Seite des Modells erfasst, durch eine 180° Phasendrehung werden die Drücke auf der gegenüberliegenden Seite abgeleitet und daraus die Differenz zwischen den beiden Seitenflächen gebildet. Die aus der Integration aller Messstellen resultierenden Werte der aerodynamischen Admittanz für das Davis-Modell mit 20° Heckschräge sind in Abbildung 2.15 dargestellt. Die gewählte Darstellung der Admittanz entspricht der in Kapitel 2.1.5 vorgestellten aerodynamischen Admittanz. Die Ergebnisse sind entsprechend der Ergebnisse von Mullarkey über der reduzierten Frequenz aufgetragen.

Bei der kleinsten untersuchten Frequenz liegt die Admittanz der Seitenkraft 50 % über dem Stationärwert. Im übrigen Frequenzbereich liegt sie unterhalb des Stationärwerts. Im Vergleich zu den Ergebnissen von Mullarkey liegt das instationäre Giermoment im untersuchten Frequenzbereich immer zwischen 5 und 30 % über dem Stationärwert.

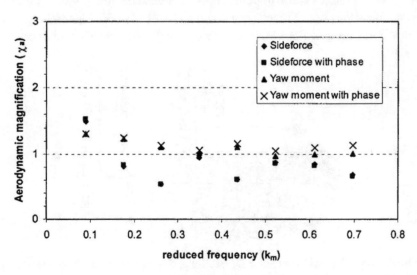

Abbildung 2.15: Admittanz X_a von Seitenkraft und Giermoment für das Davis-Modell mit 20° Heckschräge [7]

Das von Cogotti [62, 63] entwickelte Turbulence Generation System (TGS) zur Erzeugung einer turbulenten Anströmung im Pininfarina Windkanal ist in Abbildung 2.16 dargestellt. Der Pininfarina Windkanal hat eine offene Mess-strecke und eine offene Luftrückführung. Die Düsenfläche des halbrunden Düsenquerschnitts beträgt $A_N = 11$ m^2, es können Strömungsgeschwindigkei-ten von bis zu $v_\infty = 70$ m/s eingestellt werden. Zur Turbulenzerzeugung wer-den fünf Profilpaare kurz hinter dem Einlauf zur Düse, noch vor Beginn der Kontraktion, platziert. Durch aktives Öffnen und Schließen der Profilpaare kann ein turbulentes Strömungsfeld erzeugt werden. Durch die Gestalt der Profile soll ein in vertikaler Richtung verwundenes Strömungsprofil erzeugt werden, welches einen Teil der atmosphärischen Grenzschicht abbildet. Wer-den alle Profilpaare simultan betrieben, ähnelt die Anströmsituation jener bei starkem Verkehrsaufkommen. Es resultieren sehr hohe Turbulenzgrade bei kleinen integralen Längenmaßen. Im Vergleich zu der Strömungssituation bei starkem böigem Wind, ist das integrale Längenmaß, bezogen auf den dazugehörigen Turbulenzgrad, zu klein.

Abbildung 2.16: Das Turbulence Generation System (TGS) in der Düse des Pininfarina Windkanal (links) und SAE Vollheckmodell mit Rädern in der Messstrecke (rechts) [24, 63]

Zur Darstellung einer dynamischen Änderung des Anströmwinkels realisieren Carlino et al. [24] eine alternative Ansteuerung des TGS Systems. Dabei wird die Düse durch ein asynchrones Schließen, beziehungsweise Öffnen der Profilpaare partiell verblockt. Dadurch entsteht eine dynamische Strömungswinkeländerung der Anströmung, die einen annähernd sinusförmigen Strömungswinkelverlauf von bis zu $\beta = \pm 3°$ bei Frequenzen bis zu 0.8 Hz erzeugt. Die resultierenden Strömungswinkel sind bauartbedingt frequenzabhängig und lokal unterschiedlich. Carlino beschreibt das instationäre Strömungsfeld anhand von Messungen mit einer Cobra-Sonde an einer Position bei y = 0 und z = 0.5 m im Bereich des Stoßfängers eines Fahrzeugs. Da der Strömungswinkel an dieser Stelle aufgrund der bauartbedingt unterschiedlichen lokalen Strömungswinkel überschätzt wird, werden zusätzlich die mittleren, auf einer Matrix von Punkten in der y-z-Ebene (in z-Richtung von 0.25 m bis 0.75 m, und in y-Richtung ±1 m) vor dem Fahrzeug vorherrschenden Strömungswinkel bestimmt. Die daraus resultierende mittlere maximale Amplitude des Strömungswinkels bei sinusförmiger Auslenkung in der leeren Messstrecke wird herangezogen, um die Auswirkung der Strömungswinkeländerung auf die Amplitude des Giermoments eines Fahrzeugs zu beurteilen. Carlino führt unter den vorgestellten Anströmbedingungen Untersuchungen an einem 1:1 SAE Vollheck- und Stufenheckmodell mit Rädern durch. Die in Abbildung 2.17 dargestellten, mit der Windkanalwaage gemessenen Amplituden des Giermomentbeiwerts werden auf die Amplitude des bei der entsprechenden Frequenz auftretenden mittleren Anströmwinkels bezogen. Zudem werden die Kurven auf den quasi-stationären Wert bei $f = 0.01$ Hz normiert. Der untersuchte Frequenzbereich von $f = 0.01{-}0.8$ Hz entspricht einem Strouhalzahlbereich von $Sr = 0.0006{-}0.05$. Die Ergebnisse deuten auf instationäre Strömungsphänomene hin, die ein – gegenüber den Kräften unter stationären Bedingungen – erhöhtes Giermoment verursachen. Dabei fällt die relative Überhöhung gegenüber dem Stationärwert beim SAE Stufenheckmodell deutlich stärker aus als beim SAE Vollheckmodell. Das instationäre Giermoment des Vollheckmodells liegt im untersuchten Frequenzbereich unterhalb dem stationären Wert bei $f = 0.01$ Hz. Das Stufenheckmodell zeigt bei einer Frequenz von $f = 0.1$ Hz ($Sr = 0.006$) ein um 40 % höheres Giermoment gegenüber dem Stationärwert. Die Kurve fällt dann mit zunehmender Frequenz zu kleineren Werten ab.

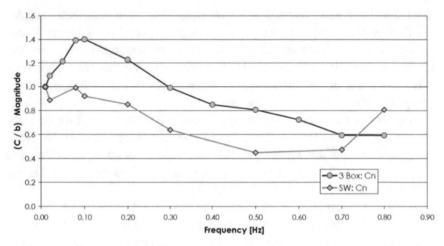

Abbildung 2.17: Frequenzabhängigkeit des Giermomentbeiwerts des SAE Stufen- und Vollheckmodells, normiert auf den Wert unter quasi-stationären Anströmbedingungen bei $f = 0.01$ Hz; 3 Box: Stufenheck, SW (station wagon): Vollheck [24]

Schrefl [64] führt mit dem von Carlino entwickelten Ansatz zur dynamischen Strömungsauslenkung entsprechende Messungen im Pininfarina Windkanal an einem Serienfahrzeug mit unterschiedlichen aerodynamischen Modifikationen durch. Das Basisfahrzeug ist ein Stufenheckmodell. Die erste Modifikation stellt eine zweidimensionale Vereinfachung eines üblichen Vollheckfahrzeugs dar. Durch eine Finne in der Fahrzeugmitte wird die seitliche Ansicht mit der entsprechenden Form dargestellt. Die zweite Modifikation befindet sich auch am Fahrzeugheck. Auf die geometrischen Details geht Schrefl nicht weiter ein. Diese Modifikation zeichnet sich aber durch ein, im Vergleich zum Basisfahrzeug, höheres stationäres Giermoment aus. Die erste Modifikation führt zu einem geringeren stationären Giermoment als die des Basisfahrzeugs und Modifikation 2. Des Weiteren ist aus Fahrversuchen bekannt, dass der Basiszustand als unruhig bewertet wird, wohingegen die Modifikation 1 vor Modifikation 2 als eine klare Verbesserung des Fahrzeuges in Bezug auf die Richtungsstabilität bewertet wird [64]. Da sich das im Windkanal unter stationären Anströmbedingungen bei Drehung des Modells ermittelte stationäre Giermoment deutlich von demjenigen unter instationären Anströmbedingungen unterscheidet, verzichtet Schrefl auf eine Normierung der instationären Kräfte mit dem stationären Gradient und ermöglicht so einen absoluten Vergleich der instationären Kräfte zwischen den einzelnen Modifikationen. In Abbildung 2.18 ist der Verlauf des instationären Giermoments über der dimensionslosen Frequenz f_n aufgetragen.

$$f_n = \frac{f \cdot l_{Fzg}}{v_\infty}$$

Der Basiszustand hebt sich deutlich von den beiden Modifikationen ab. Die erste Modifikation zeigt im Vergleich zum Basisfahrzeug ein reduziertes instationäres Giermoment. Dabei verhält sich die Reaktion bei instationärer Anregung proportional zur stationären Reaktion. Bei der zweiten Modifikation liegt das instationäre Giermoment auf dem Niveau der ersten. Jedoch verhält sich die Reaktion bei instationärer Anregung nicht proportional zur stationären Reaktion. Im Vergleich zur Basis führen beide Modifikationen zu einer Reduktion des instationären Giermoments. Die gefundenen instationären Kräfte unterscheiden sich von den aus dem Subjektivurteil der Fahrversuche abgeleiteten Verhaltensmustern. Schrefl führt dies auf die Inhomogenität des erzeugten Strömungsfelds zurück, die im Vergleich zum realen

Fahrversuch unter böigem Seitenwind, zu einer Reduktion der instationären aerodynamischen Effekte führt. Durch eine unterschiedliche Gewichtung der ermittelten stationären und instationären Kräfte kann er jedoch eine Übereinstimmung zu der Subjektivbewertung aus dem Fahrversuch ableiten. Von einer Allgemeingültigkeit dieses Vorgehens kann jedoch aufgrund der geringen Anzahl der untersuchten Modifikationen nicht ausgegangen werden. Schrefl folgert, dass sich eine Reduzierung – sowohl des stationären als auch des instationären Giermoments – positiv auf die Richtungsstabilität eines Fahrzeugs auswirkt.

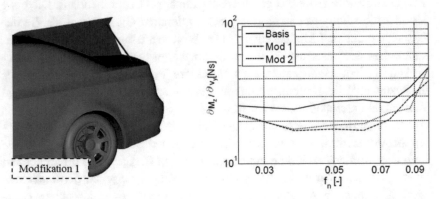

Abbildung 2.18: Vergleich Basis und Modifikationen, instationäres Giermoment $\left(\frac{\partial M_z}{\partial v_y}\right)_f$ [64]

Basierend auf den Arbeiten von Mullarkey und Passmore entwickelt Schröck [1] ein aktives System zur Auslenkung der Hauptströmung im Modellwindkanal der Universität Stuttgart. Das in Abbildung 2.19 dargestellte System besteht aus vier am Düsenaustritt platzierten symmetrischen NACA0020 Flügelprofilen. Die Flügelprofile sind drehbar um ihre Hochachse gelagert und können, abhängig vom gewählten Flügelabstand d/l_c, Strömungswinkel von bis zu $\beta = \pm 10°$ bei Frequenzen bis zu 10 Hz erzeugen. Die Höhe der Flügelprofile von 500 mm entspricht in etwa der halben Höhe der Düse. Die instationären Eigenschaften des Strömungsfelds werden anhand von Punktmessungen mit einer Cobra-Sonde beschrieben. Messungen in der Mitte der Messstrecke bei sinusförmiger Auslenkung der Strömung zeigen eine lineare

Abhängigkeit zwischen der Flügelamplitude und dem maximalen Strömungswinkel bei unterschiedlicher Frequenz (f = 0.1–10 Hz). Messungen in einer y-z-Ebene, 500 mm vor der Messstreckenmitte, also kurz vor einem 25 % Fahrzeugmodell, zeigen einen weitestgehend konstanten maximalen Strömungswinkel bei sinusförmiger Auslenkung mit einer Frequenz von 2 Hz. Das Strömungsfeld wird daher über die Breite und Höhe des Fahrzeugs als vollständig kohärent beschrieben. Der ursprüngliche Flügelabstand von 200 mm (d/l_c = 1.67) wurde nach einer ersten Optimierung des Systems auf 400 mm (d/l_c = 3.33) erhöht. Die Breite des stationär ausgelenkten Strömungsfelds entspricht dann jener bei Drehung des Fahrzeugs relativ zur Strömung des Windkanals.

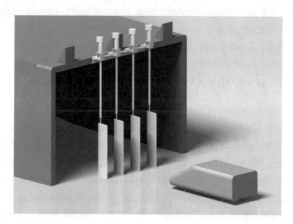

Abbildung 2.19: CAD-Modell des Flügelsystems am Düsenaustritt des Modellwindkanals der Universität Stuttgart mit SAE Vollheckmodell in der Messstrecke [1]

Schröck zeigt erstmals, dass mit dem vorgestellten Versuchsaufbau das Übertragungsverhalten eines Fahrzeugs als ein lineares, zeitinvariantes System dargestellt werden kann. Dies ist möglich, da mit dem aktiven System zur Böenerzeugung im Vergleich zur Straße lokale Strömungsunterschiede und kleinskalige Strukturen bewusst vernachlässigt werden. Auch ein in vertikaler Richtung verwundenes Strömungsprofil wird nicht nachgebildet. Diese Vereinfachung erlaubt die Definition eines einzigen Systemeingangs und ermöglicht die Definition eines Ein-/ Ausgangssystems im systemtheoretischen Sinne. Die Windanregung ist die Eingangsgröße, die daraus resultierende am Fahrzeug wirkende Kraft die Ausgangsgröße. Die aus der Windanregung resultierende Reaktion des Fahrzeugs wird mit der in Kapitel 2.1.5 vorgestellten aerodynamischen Admittanz, der aerodynamischen Übertragungsfunktion sowie der Kohärenz beschrieben. Mit Hilfe der Kohärenz kann der kausale Zusammenhang zwischen Windanregung und Reaktion des Fahrzeugs auf seine Gültigkeit überprüft werden. Dadurch ist es möglich, zusätzliche Kräfte aufgrund von Ablösung, die nicht mit der Windanregung korreliert sind, zu identifizieren. Anders als bei den vorangegangenen Arbeiten wird durch die breitbandige Anregung der gesamte, für die Fahrdynamik relevante Frequenzbereich in einer Messung abgedeckt. Aufgrund der gezeigten Linearität des aerodynamischen Übertragungsverhaltens, liefern die gemessenen instationären Kräfte und Momente die gleichen Ergebnisse wie bei sinusförmiger Anregung mit diskreten Frequenzen. Die Ergebnisse der aerodynamischen Admittanz sind außerdem aufgrund des linearen Übertragungsverhaltens unabhängig von der gewählten Amplitude des Strömungswinkels.

Mit der vorgestellten Methode werden systematische Untersuchungen zum instationären Verhalten verschiedener Heckformen am SAE Referenzmodell (Stufen-, Fließ-, Steil-, und Vollheck) im Maßstab 1:5 (20 %) durchgeführt. Die Ergebnisse der aerodynamischen Admittanz sind in Abbildung 2.20 dargestellt. Entsprechend der Theorie der Admittanz erreichen die Seitenkraft und das Giermoment bei niedrigen Frequenzen Werte von 1. Das Strömungsfeld weist stationäre Eigenschaften auf. Die Ergebnisse zeigen, dass die instationären Kräfte jene unter stationären Anströmbedingungen übertreffen. Stufen- und Fließheck, respektive Steil- und Vollheckmodell, weisen ein nahezu identisches Verhalten im untersuchten Frequenzbereich auf. Unterschiede sind hingegen beim Vergleich von Stufen- und Fließheck mit Steil- und Vollheckmodell zu beobachten. Diese sind auf die unterschiedlichen Druckverteilungen der untersuchten Heckformen im hinteren Bereich der Seitenfläche zurückzuführen. Aufgrund der identischen Modellform an der Front der Modelle ist die vordere Seitenkraft nahezu gleich. Das instationäre Giermoment des Stufen- und Fließheckmodells liegt bei einer Strouhalzahl von $Sr = 0.12$ etwa 30 %, beim Voll- und Steilheckmodell etwa 100 % über dem stationären Wert.

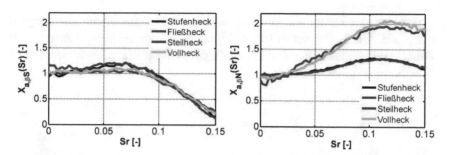

Abbildung 2.20: Admittanz der Seitenkraft (links) und des Giermoments (rechts) für die untersuchten SAE Modelle [1]

Ein ähnliches System zur aktiven Auslenkung des Windkanalstrahls wurde im Modellwindkanal der Durham University in England von Mankowski und Sims-Williams [65] entwickelt. Das als Turbulence Generation System (TGS) bezeichnete System ist in Abbildung 2.21 dargestellt. Es besteht aus zwei symmetrischen NACA0012 Flügelprofilen die am Rand der Düse direkt hinter dem Düsenaustritt platziert sind. Aus der Profilsehnenlänge $l_c = 0.6$ m resultiert ein dimensionsloser Flügelabstand von $d/l_c = 3.33$. Der Modellwindkanal hat eine offene Messstrecke und eine offene Luftrückführung. Die Düse ist 2 m breit und 1 m hoch, die maximale Strömungsgeschwindigkeit beträgt 25 m/s. Aufgrund der Abmessungen des Plenums und der Länge der Messstrecke $(x/d_h \approx 4)$, sind zusätzlich Ein- und Auslässe im Bereich der Düse sowie des Kollektors vorgesehen. Messungen mit einer 5-Loch-Sonde bei stationärer Auslenkung der Strömung zeigen, dass bei einem maximalen Anstellwinkel der Flügel von 15° ein Strömungswinkel von 8° resultiert. Messungen bei stationärer Strömungsauslenkung im Randbereich eines 40 % Modells zeigen eine Abweichung des resultierenden Strömungswinkels kleiner 0.5°. Bei sinusförmiger Auslenkung der Strömung kann keine lineare Abhängigkeit des erzeugten Strömungswinkels von der gewählten Flügelamplitude bei unterschiedlichen Frequenzen festgestellt werden. Mit zunehmender Frequenz der Strömungsauslenkung nehmen die resultierenden Strömungswinkel zu. Bei der maximalen Frequenz von 10 Hz wird bei einer Flügelamplitude von 15° ein Strömungswinkel von 11° erreicht. Untersuchungen von Kremheller et al. [66] an einem 30 % Fahrzeugmodell zeigen, dass der resultierende Strömungswinkel, gemessen an einer Position über dem Dach des Fahrzeugs, dem aus Straßenmessungen abgeleiteten Signal entspricht. Der Fokus der in [65, 66] gezeigten Untersuchungen liegt in der Auswirkung instationärer Anströmbedingungen auf die zeitlich gemittelten Kraftbeiwerte eines Fahrzeugs.

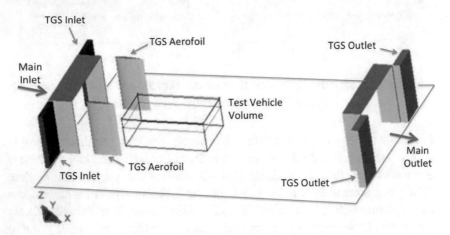

Abbildung 2.21: Schematische Darstellung des Turbulence Generation System (TGS) im Modellwindkanal der Durham University [65]

Numerische Untersuchungen mit CFD (Computational Fluid Dynamics) erscheinen als vielversprechend, da die instationären Eigenschaften der Anströmung beliebig modelliert werden können. Dies eröffnet eine Vielzahl an Freiheitsgraden, die in einer experimentellen Versuchsumgebung auf Grund der Grenzen der mechanischen Realisierbarkeit und der geometrischen Randbedingungen zum Teil nur schwer oder auch gar nicht zu realisieren sind. Limitierende Faktoren sind allerdings nach wie vor die notwendigen Rechenressourcen, die einen produktiven Einsatz der CFD in Bezug auf instationäre Anströmbedingungen bis jetzt verhindert haben. Dies ist wahrscheinlich auf die relativ langen benötigten Simulationszeiten zurückzuführen. Mit den heute üblichen Simulationszeiten in der Größenordnung von 1 s kann nur eine kleinste Frequenz von 1 Hz aufgelöst werden, eine vollständige Abbildung des für die Fahrdynamik relevanten Frequenzbereichs ist dadurch nicht möglich.

CFD Untersuchungen unter instationären Anströmbedingungen wurden in jüngster Vergangenheit von verschiedenen Autoren durchgeführt. Gaylard et al. [67, 68] und D'Hooge et al. [69, 70] wählen einen ähnlichen Ansatz und erzeugen durch zeitlich und räumlich variable Randbedingungen eine turbulente Anströmbedingung. Das erzeugte Strömungsfeld wird von Gaylard als eine typische Anströmsituation unter Vorhandensein von natürlichem Wind und anderen Verkehrsteilnehmern beschrieben. Das ermittelte integrale Längenmaß beträgt 2 m, die Turbulenzintensität variiert zwischen 5 und 7 %. Die Untersuchungen befassen sich allerdings nur mit der Auswirkung eines erhöhten Turbulenzgrads auf den zeitlich gemittelten Luftwiderstand und Auftrieb eines Fahrzeugs. Auch hier werden die Seitenkraft und das Giermoment nicht betrachtet.

Numerische Untersuchungen, welche die für die Seitenwindempfindlichkeit relevanten Kräfte anstatt im Frequenzbereich im Zeitbereich betrachten, wurden von verschiedenen Autoren durchgeführt. Die instationären Kräfte werden dabei aufgrund von Einzelereignissen, wie beispielsweise einer Windböe, untersucht. Zwar erscheint die Beurteilung der Fahrzeugreaktion anhand von Einzelereignissen im Zeitbereich – aufgrund der Vielzahl an unterschiedlichen Böenarten und der auf der Straße auftretenden Bandbreite der natürlichen Anströmung – als schwierig, dennoch können entsprechende Untersuchungen einen Beitrag zum Verständnis der unter instationären Anströmbedingungen resultierenden Kräfte am Fahrzeug liefern. Demuth et al. [71] und Theissen et al. [72] untersuchen die Auswirkung sinusförmiger Böen mit Strömungswinkeln bis 6° in einem Frequenzbereich zwischen 0.5 und 4 Hz. Die Ergebnisse zeigen, dass die ermittelten instationären Kräfte am Fahrzeug nicht mit den über einen quasi-stationären Ansatz berechneten Kräften übereinstimmen. Während hier die ermittelte instationäre Seitenkraft unterhalb der über den quasi-stationären Ansatz ermittelten liegt, zeigt das instationäre Giermoment eine Überhöhung gegenüber dem quasi-stationären Wert. Die Ursache des veränderten instationären Verhaltens wird vor allem auf Strömungsvorgänge im Bereich des hinteren Überhangs zurückgeführt. Zens [73] hat den Einfluss einer generischen Seitenwindböe im Zeitbereich untersucht. Außerdem betrachtet er die instationären Kräfte bei unterschiedlichen stationären Strömungswinkeln. Aus Fahrversuchen ist bekannt, dass das betrachtete Fahrzeugmodell als unruhig wahrgenommen wird. Die numerischen Ergebnisse zeigen, dass durch das Anbringen von Abrisskanten im Bereich der Heckleuchten des Fahrzeugs die instationären Kräfte im für die Fahrdynamik relevanten Frequenzbereich reduziert werden.

Die vorgestellten Ergebnisse aus der Literatur zeigen, dass in einem für die Fahrdynamik relevanten Frequenzbereich instationäre Kräfte auftreten, die bei einer quasi-stationären Betrachtung unterschätzt werden. Die von Schröck entwickelte Methode erscheint als besonders zielführend, um schon in einem frühen Stadium der Fahrzeugentwicklung zu einer Aussage über das Seitenwindverhalten eines Fahrzeugs zu kommen. Durch die Reproduktion der Böigkeit des natürlichen Winds und die Ermittlung der daraus am Fahrzeug angreifenden instationären Kräfte und Momente ist es möglich, das instationäre Verhalten eines Fahrzeugs unter Seitenwind zu quantifizieren. Diese Methode wird im Folgenden herangezogen, um die Auswirkungen einer böigen Windanregung in einem Windkanal auf die Reaktion unterschiedlicher Fahrzeugformen und Modellmaßstäbe zu untersuchen.

3 Aerodynamische Entwicklungswerkzeuge

Das nachfolgende Kapitel gibt einen Überblick über die Versuchsumgebung sowie die Messtechnik der durchgeführten experimentellen Untersuchungen. Danach werden die verwendeten Fahrzeugmodelle vorgestellt. Anschließend wird auf die in dieser Arbeit eingesetzten numerischen Methoden eingegangen.

3.1 Der Modellwindkanal der Universität Stuttgart (MWK)

Der Modellwindkanal der Universität Stuttgart (MWK) ist ein Windkanal Göttinger Bauart, also ein Windkanal mit geschlossener Luftrückführung. Die offene Messstrecke liegt in einer geschlossenen Messhalle, dem sogenannten Plenum. Der MWK wird als Versuchsumgebung für 20 % (1:5 Maßstab) und 25 % (1:4 Maßstab) Pkw-Modelle genutzt. Der Düsenquerschnitt beträgt 1.65 m^2, die maximale erreichbare Strömungsgeschwindigkeit liegt bei 80 m/s. Die Fahrt durch ruhende Luft kann aufgrund der Homogenität der Strömung sehr gut nachgebildet werden. Die Gleichförmigkeit der an der Düse austretenden Strömung erreicht einen Turbulenzgrad < 0.3 % und eine räumliche Geschwindigkeitsabweichung < ±0.25 % [27]. Damit liegen die Werte deutlich unterhalb der im SAE Report J2071 [74] für Fahrzeugwindkanäle empfohlenen Anforderungen an die Strahlqualität.

Um die bei einer Straßenfahrt vorhandene Relativbewegung zwischen Fahrzeug und Boden möglichst realitätsnah darzustellen, kann im Modellwindkanal ein 5-Band-System mit zusätzlichen Systemen zur Konditionierung der Bodengrenzschicht eingesetzt werden. Das in Abbildung 3.1 abgebildete 5-Band-System besteht aus einem spurbreiten Laufband zwischen den Fahrzeugrädern (Centerbelt) und vier kleinen Bändern zum Antreiben der Räder (Radantriebseinheiten oder engl. Wheel-Drive Units). Die Laufbänder der Radantriebseinheiten bestehen aus Poly-V-Riemen, ihre Oberfläche ist als hydraulisch glatt anzusehen. Der Centerbelt ist ein kunststoffbeschichtetes

© Springer Fachmedien Wiesbaden GmbH, ein Teil von Springer Nature 2018
D. Stoll, *Ein Beitrag zur Untersuchung der aerodynamischen Eigenschaften von Fahrzeugen unter böigem Seitenwind*, Wissenschaftliche Reihe Fahrzeugtechnik Universität Stuttgart, https://doi.org/10.1007/978-3-658-21545-3_3

Stahlband mit einer Oberflächenrauigkeit, die der Rauigkeit von Fahrbahnbelägen entspricht [76].

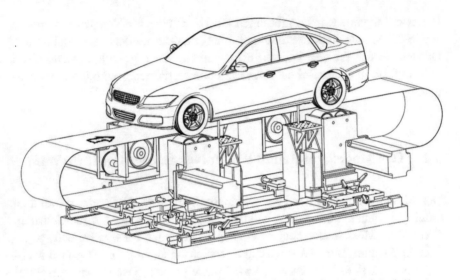

Abbildung 3.1: 5-Band-System auf der oberen Plattform der Modellwaage
mit DrivAer Stufenheckmodell, angelehnt an [75]

In Abbildung 3.2 ist der Messstreckenboden mit den Maßnahmen zur Grenzschichtkonditionierung dargestellt. Die Grenzschichtvorabsaugung und die
tangentiale Ausblasung erzeugen ein Rechteckprofil der Bodengrenzschicht,
bevor diese den Centerbelt erreicht. Werden alle oben genannten Systeme
eingesetzt, entspricht die Geschwindigkeit aller Bänder der Anströmgeschwindigkeit. Dieser Zustand wird – in Verbindung mit der geeigneten Ein-
stellung der Grenzschichtkonditionierung – als FKFS-Straßenfahrtsimulation
(SFS) bezeichnet. Der Zustand, bei dem keines der oben genannten Systeme
zum Einsatz kommt, wird als konventionelle Bodensimulation (KBS)
bezeichnet. In diesem Fall beträgt die Verdrängungsdicke der Grenzschicht
in der Mitte der Messstrecke 45 mm.

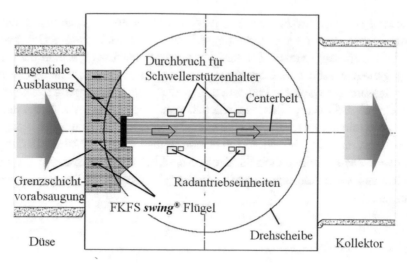

Abbildung 3.2: Schematische Darstellung der Bodensimulation im Modellwindkanal der Universität Stuttgart, angelehnt an [75]

Die auf das Fahrzeug wirkenden aerodynamischen Kräfte werden mit einer
unter dem Messstreckenboden installierten Waage bestimmt. Dabei steht das
Fahrzeugmodell auf den vier Bändern der Radantriebseinheiten und wird zusätzlich zwischen den Rädern über vier Schwellerstützenhalter gefesselt. Die
Radantriebseinheiten sowie die Schwellerstützenhalter sind verschiebbar auf
der Waagenplattform gelagert. Radstand und Spur können frei eingestellt
werden. Dadurch ist es möglich, Modelle unterschiedlicher Größe aufzuneh-
men. Zusätzlich können unterschiedlich breite Bänder eingesetzt werden, um
den bewegten Boden zwischen der Spur des Fahrzeugs möglichst großflächig
abzubilden. Der Centerbelt ist dabei nicht Teil des gewogenen Systems.

Zur Bestimmung aerodynamischer Kräfte unter Seitenwind wird üblicherweise ein stationärer Strömungswinkel β zwischen Fahrzeug und Strömung
eingestellt. Dazu wird das Fahrzeug mit der Drehscheibe, der Waage und
dem Bodensimulationssystem um seine Hochachse gegenüber der Anströmung gedreht, die mit der Geschwindigkeit v_∞ aus der Düse austritt. Aerodynamische Kräfte und Momente werden dabei unter stationären Anströmbedingungen ermittelt. Die Böigkeit des natürlichen Winds wird nicht berück-

sichtigt. Mit der im Plenum integrierten 5-Achsen-Traversierung können Sonden zur Messung von Strömungsgrößen, wie beispielsweise Geschwindigkeit, Strömungswinkel, Totaldruck oder statischer Druck, frei in der Strömung bewegt werden. Die Bewegung der Traversierung sowie die Erfassung der Sensordaten erfolgt automatisiert über die Windkanalsteuerung. Die zeitsynchrone Erfassung aller relevanten Daten, wie die mit der Windkanalwaage ermittelten aerodynamischen Kräfte, Drücke des Druckmesssystems sowie Strömungsgrößen der Cobra-Sonde, erfolgt über die Datenerfassungssoftware des Modellwindkanals. Die verwendete Druckmesstechnik, die Modellwaage sowie die eingesetzte Cobra-Sonde, werden im Folgenden vorgestellt.

3.1.1   Modellwaage

Die im Modellwindkanal implementierte Unterflurwaage des japanischen Herstellers A&D zeichnet sich durch eine geringe Trägheit und hohe Steifigkeit aus und gewährleistet dadurch eine hohe zeitliche Auflösung der gemessenen Kräfte. Die in Abbildung 3.3 dargestellte elektromechanische 6-Komponenten-Waage ermittelt die in Kapitel 2.1.1 vorgestellten Ersatzkräfte und Ersatzmomente im Ursprung des Fahrzeugkoordinatensystems. Die Umrechnung in die aerodynamischen Beiwerte erfolgt dann entsprechend der in Kapitel 2.1.1 vorgestellten Gleichungen.

Abbildung 3.3: Dynamische Windkanal Unterflurwaage des japanischen
Herstellersc A&D [77]

Die technischen Daten der Waage sind in Tabelle 3.1 zusammengefasst. Auf die Waage wird das in Kapitel 3.1 vorgestellte Laufbandsystem, mit Radantriebseinheiten und Schwellerstützenhaltern aufgebracht.

Tabelle 3.1: Nennkapazität, Messbereich, Genauigkeit und Auflösung der A&D Waage für stationäre Kräfte und Momente [77]

	Nennkapazität	Messbereich	Genauigkeit	Auflösung
F_x	±2400 N	±500 N	±0.1 N	0.015 N
F_y	±2400 N	±500 N	±0.1 N	0.015 N
F_z	−8000 N	250 N bis −2500 N	±0.3 N	0.05 N
M_x	±600 Nm	±300 Nm	±0.05 Nm	0.01 Nm
M_y	±600 Nm	±300 Nm	±0.05 Nm	0.01 Nm
M_z	−1200 Nm	±300 Nm	±0.1 Nm	0.01 Nm

Um die auf das Fahrzeug wirkenden instationären aerodynamischen Kräfte und Momente zu ermitteln, muss die mechanische Übertragungsfunktion des Gesamtsystems – bestehend aus Waage, Radantriebseinheiten, Schwellerstützenhaltern und Fahrzeug – bestimmt werden. Den gemessenen Kräften und Momenten sind aufgrund der endlichen Steifigkeit des Systems durch Schwingungen verursachte mechanische Kräfte überlagert. Das mechanische Übertragungsverhalten wird mit der Impuls-Response-Methode bestimmt [78]. Dazu wird das Fahrzeug mit einem, mit einem Beschleunigungssensor bestückten Impulshammer PCB086C01 der Firma Piezotronics angeregt. Die mechanische Übertragungsfunktion wird dann aus dem Spektrum des Anregungsimpulses und den Reaktionskräften und -momenten an der Waage ermittelt. Die unter Windanregung gemessenen Kräfte und Momente werden mit der mechanischen Übertragungsfunktion korrigiert, um so die reinen aerodynamischen auf das Fahrzeug wirkenden Kräfte und Momente zu ermitteln. Aufgrund ihrer Größe und Masse unterscheiden sich die auf die Waage aufgebrachten Aufbauten der Modelle. Der für die untersuchten Modelle bestimmte Amplitudengang der Übertragungsfunktionen der Seitenkraft sowie des Giermoments ist in Abbildung 3.4 dargestellt. Die jeweiligen Ei-

genfrequenzen des mechanischen Systems sind in Tabelle 3.2 zusammengefasst. Für die hier vorgestellten Untersuchungen sind Frequenzen bis
12 Hz von Interesse, die ermittelten Eigenfrequenzen liegen bei 20 Hz oder
höher. Der Aufbau kann deshalb für die durchgeführten Untersuchungen eingesetzt werden.

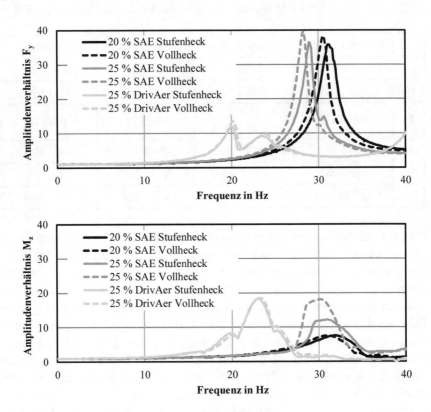

Abbildung 3.4: Mechanische Übertragungsfunktion des Fahrzeug-Waage-
Systems der untersuchten Fahrzeugmodelle für Seitenkraft
(oben) und Giermoment (unten)

Tabelle 3.2:   Eigenfrequenz des Fahrzeug-Waage-Systems für Seitenkraft und Giermoment der untersuchten Fahrzeugmodelle

Fahrzeugmodell	Eigenfrequenz F_y in Hz	Eigenfrequenz M_z in Hz
20 % SAE Stufenheck	31.3	31.9
20 % SAE Vollheck	30.6	31.4
25 % SAE Stufenheck	28.9	30.8
25 % SAE Vollheck	28.3	30.3
DrivAer Stufenheck	20	23
DrivAer Vollheck	20.1	23.1

3.1.2 Druckmesstechnik

Zur Bestimmung der Drücke auf der Oberfläche der SAE Referenzmodelle
wird das Druckmesssystem ESP-32HD der Firma Pressure System Inc. Verwendet. Die Drucksensoren dieses Systems verfügen über eine geringe Trägheit und gewährleisten dadurch eine hohe zeitliche Auflösung der gemessenen Drücke. Das System erreicht bei einem maximalen Messbereich von
±6895 Pa eine Genauigkeit von ±0.5 % [79]. Die Drucksensoren sind dabei
zu Modulen mit je 32 Sensoren zusammengefasst. Bei allen Messungen
wurden vier Module mit je 32 Sensoren im inneren des Modells platziert. Die
einzelnen Sensoren werden über einen Schlauch an ein von innen bündiges,
an die Fahrzeugaußenhaut angebrachtes Druckmessröhrchen angeschlossen.
Sollen die gemessenen Drücke zeitlich hochaufgelöst gemessen werden,
muss das Messsignal mit dem Übertragungsverhalten des Systems, bestehend
aus Druckmessröhrchen, Verbindungsschlauch und Sensor, korrigiert werden. Zu Korrektur der in einem solchen System vorhandenen Resonanz, Am-
plitudendämpfung und Phasenverschiebung des Drucksignals wird ein Kor-
rekturverfahren angewendet, das auf der Arbeit von Bergh und Tijdemann
[80] basiert und von Staack [81] erweitert wurde.

3.1.3   Cobra-Sonde

Zur Messungen der in der Messstrecke des Windkanals vorherrschenden
Strömungssituation wird die in Abbildung 3.5 dargestellte Cobra-Sonde des
australischen Herstellers TFI verwendet. Es handelt sich hierbei um eine 4-
Loch-Sonde mit einem etwa 2.6 mm großen facettierten Sondenkopf an dem
vier Differenzdrücke gleichzeitig gemessen werden.

Abbildung 3.5: Cobra-Sonde mit vergrößerter Darstellung des facettierten
Sondenkopfs [1]

Aus der sich ergebenden Differenz lässt sich der Anströmwinkel und die
Strömungsgeschwindigkeit berechnen. Da die Druckaufnehmer im Sonden-
gehäuse untergebracht sind, kann eine kurze Strecke zwischen Messpunkt
und Messaufnehmer realisiert werden, was Messungen bis zu einer Frequenz
von 1.5 kHz ermöglicht. Die verwendete Cobra-Sonde hat einen Messbereich
von 2–60 m/s in einem kegelförmigen Anströmwinkelbereich von ±45° relativ zur Längsachse des Sondenkopfs. Die Messgenauigkeit der Strömungsgeschwindigkeit liegt bei ±0.3 m/s, und bei ±1° hinsichtlich des Strömungswinkels [82]. Durch das Anbringen der Sonde an der Traversierung des
Modellwindkanals, kann diese beliebig im Strömungsfeld positioniert werden. Die zeitlich hochaufgelösten Ergebnisse werden zur Berechnung der resultierenden Anströmbedingungen in der Messstrecke des Modellwindkanals
herangezogen.

3.2 Fahrzeugmodelle

Bei den Untersuchungen im Modellwindkanal kamen unterschiedliche Fahrzeugmodelle zum Einsatz. Diese werden im Folgenden vorgestellt.

3.2.1 SAE Referenzmodelle

Das SAE Referenzmodell soll die grundlegende Form eines Fahrzeugs darstellen. Es wurde vom SAE Open Jet Interference Committee entwickelt, um den Einfluss verschiedener Windkanal-Interferenzeffekte auf die aerodynamischen Beiwerte eines standardisierten Fahrzeugkörpers zu untersuchen und dadurch die Übertragbarkeit der Ergebnisse zwischen unterschiedlichen Windkanälen zu ermöglichen. Im Rahmen dieser Arbeit kamen zwei gleiche Modelle unterschiedlichen Maßstabs – das SAE Referenzmodell als 20 % Modell (1:5 Maßstab) und als 25 % Modell (1:4 Maßstab) – zum Einsatz. Der Grundkörper kann durch wechselbare Heckaufsätze verändert werden und steht auf zylindrischen Stützen, welche mit der Windkanalwaage verbunden werden. Es wurde jeweils das in Abbildung 3.6 dargestellte Stufenheck- und Vollheckmodell untersucht.

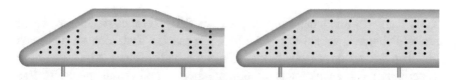

Abbildung 3.6: SAE Stufenheckmodell (links) und SAE Vollheckmodell (rechts), Druckmessstellen durch Punkte gekennzeichnet

Zur Ermittlung der Oberflächendrücke wird das in Kapitel 3.1.2 vorgestellte Druckmesssystem im Inneren der als Schalenmodelle ausgeführten Modelle platziert und durch Schläuche mit den Druckmessstellen an den Seitenflächen verbunden. Die Seitenflächen der Modelle sind mit jeweils 128 Druckmessstellen ausgerüstet. Da die Drücke auf den Seitenflächen des Modells die an der Windkanalwaage gemessenen Kräfte erzeugen, trägt die Darstellung der Drücke auf der Oberfläche zum Verständnis der instationären Phänomene bei. Die genaue Position der Messstellen sind den Zeichnungen in Kapitel A.5 im Anhang zu entnehmen. In Tabelle 3.3 ist eine Zusammenfassung der wichtigsten Abmessungen der verwendeten Modelle zu finden.

Tabelle 3.3:   Zusammenfassung   der   Modelldimensionen   der   SAE Referenzmodelle

	Maßstab	
Maße in mm	1:5 (20 %)	1:4 (25 %)
Gesamtlänge l_{Fzg}	840	1050
Radstand l_0	490	612.5
Spurweite s	250	312.5
Fußdurchmesser $\emptyset$	15	15
Breite des Laufbands	225	250
Stirnfläche A_x (mit Füße) in m^2	0.0782	0.1222

3.2.2   DrivAer Modell

Trotz der recht ähnlichen Proportionen des SAE Referenzmodells zu einem realen Fahrzeug, weicht der Detaillierungsgrad im Vergleich zu den heute üblichen Serienfahrzeugen stark ab. Um eine realistischere Abbildung eines generischen Fahrzeugkörpers zu ermöglichen – und damit zukünftig Forschungsergebnisse mit einer hohen Übertagbarkeit auf die Serienentwicklung zu ermöglichen – wurde an der Technischen Universität München der generische DrivAer Fahrzeugkörper entwickelt. Dieser basiert auf einem Audi A4 und einem 3er BMW [83]. Am FKFS stehen zwei 25 % (1:4 Maßstab) Hardware-Modelle mit wechselbarem Heckaufsatz und detailliertem Unterboden sowie Außenspiegeln zur Verfügung. Der am FKFS von Wittmeier et al. [84] entwickelte, in Abbildung 3.7 dargestellte Motorraum, wurde im Rahmen dieser Arbeit nicht durchströmt. Eine Zusammenfassung der relevanten Fahrzeugabmessungen ist in Tabelle 3.4 gegeben.

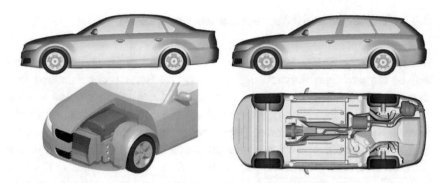

Abbildung 3.7: DrivAer Stufenheckmodell (links oben) und Vollheckmodell (rechts oben) mit Motorraum (links unten) und
detailliertem Unterboden (rechts unten)

Tabelle 3.4: Zusammenfassung der Modelldimensionen des DrivAer
Modells

	Maßstab
Maße in mm	1:4 (25 %)
Gesamtlänge l_{Fzg}	1153.3
Radstand l_0	696.5
Spurweite s	380
Schwellerstützen $\varnothing$	15
Breite des Laufbands	250
Stirnfläche A_x in m^2	0.1356

3.3   Numerische Strömungssimulation (CFD)

Die numerische Strömungssimulation (CFD, Computational Fluid Dynamics) ist ein wichtiges Entwicklungswerkzeug im Bereich der Fahrzeugaerodynamik. Sie ermöglicht es bereits in frühen Entwicklungsphasen – ohne Vorhandensein eines Prototypen oder Hardware-Modells – aerodynamische Untersuchungen durchzuführen. Dabei liegen Informationen im kompletten berechneten Strömungsfeld vor, die messtechnisch zum Teil nur mit sehr großem Aufwand oder auch gar nicht erfasst werden können. Dadurch können komplexe Strömungsphänomene besser untersucht und verstanden werden. Außerdem können Veränderungen der Geometrie am Fahrzeug oder dem Windkanal umgesetzt werden, die in der Realität nur schwer oder auch gar nicht realisierbar sind.

Im Folgenden wird auf die in dieser Arbeit verwendete Simulationssoftware sowie die Randbedingungen der Simulationen eingegangen. Außerdem werden die im Rahmen der durchgeführten Simulationen eingesetzten Versuchsumgebungen vorgestellt.

3.3.1   Simulationssoftware EXA PowerFLOW®

Zur dreidimensionalen numerischen Strömungssimulation wurde das kommerzielle, auf der Lattice-Boltzmann-Methode basierende Softwarepaket EXA PowerFLOW® verwendet. Anders als bei den häufig eingesetzten, auf den Navier-Stokes-Gleichungen basierenden Methoden, welche das Fluid als Kontinuum betrachten (makroskopisch), betrachtet PowerFLOW® die Strömung mikroskopisch. Es berechnet die Bewegungen und Wechselwirkungen der einzelnen Teilchen des Fluids. Die in PowerFLOW® verwendete Lattice-Boltzmann-Methode [85 bis 88] zeichnet sich durch einen einfachen Algorithmus aus. Dieser ermöglicht eine effiziente Parallelisierung und dadurch hohe Rechengeschwindigkeiten. Die Umströmung komplexer Geometrien kann simuliert werden. Durch die automatisierte Erstellung der verwendeten Berechnungsgitter, verkürzen sich die Vorbereitungszeiten zum Erstellen einer Simulation. Aufgrund des Lattice-Boltzmann-Algorithmus ist PowerFLOW® ein transientes Berechnungsverfahren, welches die instationären

Vorgänge in einer turbulenten Strömung abbildet. Der Einsatz von Power-FLOW® ist in der Automobilindustrie weit verbreitet. Eine große Anzahl von Validierungsuntersuchungen – zum Beispiel von einfachen Referenzkörpern [89, 90], komplexen Fahrzeugen [91 bis 93] oder von Fahrzeugen in Windkanalumgebung [94, 95] – sind in der Literatur zu finden.

3.3.2 Randbedingungen der Simulation

Das betrachtete Strömungsvolumen wird durch ein kartesisches Gitter mit kubischen Zellen, auch „Voxel" (Volume-Pixel) genannt, diskretisiert. Das resultierende Berechnungsgitter wird durch Gebiete unterschiedlicher Auflösung, den sogenannten VR-Regionen (Variable Resolution), beschrieben. Ausgehend von der Oberfläche des betrachteten Strömungskörpers werden Auflösungsgebiete mit zunehmend anwachsender Zellgröße, immer um den Faktor 2, von einer VR-Region zur nächsten definiert. Die gewählte Anordnung dieser Auflösungsgebiete wird im Folgenden für die relevanten umströmten Geometrien näher erläutert.

In Abbildung 3.8 ist das in dieser Arbeit gewählte Berechnungsgitter für die Umströmung von Flügelprofilen exemplarisch für ein NACA0012 Flügelprofil dargestellt. Die kleinste Zellgröße von 1.2 mm wird dabei der VR-Region mit der höchsten Nummer VR08 zugewiesen. Die umliegenden VR-Regionen mit abnehmender Nummer, VR07 und VR06, weisen eine um jeweils Faktor 2 zunehmende Zellgröße auf.

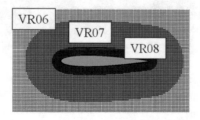

Abbildung 3.8: Berechnungsgitter mit Regionen verfeinerter Auflösung um ein NACA0012 Profil

Zur Darstellung der Flügelrotation, bzw. der dynamischen Strömungsauslenkung mit dem aus Flügelprofilen bestehenden aktiven System zur Böenerzeugung, wurde das in PowerFLOW® implementierte Sliding Mesh Verfahren angewendet [91, 96]. Dabei wird die zu rotierende Geometrie in ein
axialsymmetrisches, sich tatsächlich drehendes Fluidgebiet eingebettet. Innerhalb dieses Gebiets wird das Strömungsfeld nur einmal diskretisiert. Die
Zellen des rotierenden Netzes sind nicht mit denen im nicht rotierenden
Bereich verbunden und werden deshalb für jeden Zeitschritt neu berechnet.

Die für das DrivAer Stufenheckmodell definierten VR-Regionen sind in
Abbildung 3.9 dargestellt. Die gewählte Verteilung orientiert sich an den sogenannten Best Practices von Exa [97], welche basierend auf Validierungsuntersuchungen, Empfehlungen für die zu wählende Auflösung bei der Simulation eines Fahrzeugs macht. Der Fahrzeugkörper wird von einer VR8
(blau) Auflösungsregion eingefasst. Die Bereiche der Bugunterkante, die
Übergänge zwischen Front-, Dach und Heckscheibe, die A- und C-Säule, die
hinteren Kotflügel sowie der Kofferraumdeckel werden der feinsten Auflösung VR09 (rot) zugeordnet. Die Zellgröße beträgt hier 0.6 mm. In den
luv- und leeseitigen Regionen öffnen sich die VR-Regionen VR07 (gelb) und
VR06 (grün) symmetrisch um 10°, so dass das leeseitige Nachlaufgebiet bei
gedrehtem Fahrzeug oder ausgelenkter Strömung besser abgebildet wird.

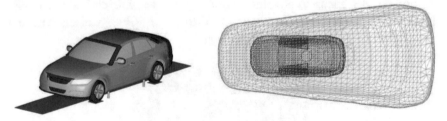

Abbildung 3.9: Regionen verfeinerter Auflösung um das DrivAer Stufenheckmodell (VR09: rot, VR08: blau, VR07: gelb und VR6:
grün)

Entsprechend der Experimente im Modellwindkanal werden alle Simulationen ohne Berücksichtigung der Grenzschichtkonditionierung durchgeführt.
Trotzdem werden die im Windkanalversuch vorhandenen Laufbänder auch

im digitalen Modell in Größe und Form abgebildet. Dies ist erforderlich, um den Einfluss der Rauigkeit des beschichteten Centerbelt auf das Grenzschichtprofil, auch in der Simulation richtig wiederzugeben. Das zentrale Laufband hat dabei einen Rauigkeitswert von 0.05 mm. Dieser Wert entspricht der mittleren Rauigkeit von Fahrbahnbelägen [76]. Alle anderen reibungsbehafteten Oberflächen werden als hydraulisch glatt betrachtet. Das aus der Definition der VR-Regionen resultierende Berechnungsgitter für das DrivAer Stufenheckmodell ist in Abbildung 3.10 abgebildet.

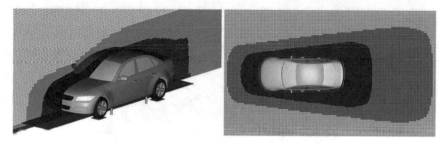

Abbildung 3.10: Berechnungsgitter um das DrivAer Stufenheckmodell (y-Schnitt links und z-Schnitt rechts)

3.3.3 Digitales Modell des Modellwindkanals (DMWK)

Entsprechend der Windkanalversuche im MWK, wurden Simulationen mit detaillierter Windkanalgeometrie durchgeführt. Das für die Simulationen verwendete digitale Modell des Modellwindkanals (DMWK) ist in Abbildung 3.11 dargestellt.

Düsenvorkammer, Düsenkontraktion, Plenum sowie der Kollektor und der Diffusor werden abgebildet. Im Bereich des Düsenauslasses sind außerdem die bereits erwähnten Deltawings angebracht. Die Strömung wird am Einlass unter definierten Randbedingungen als konstanter Massenstrom vorgegeben und verlässt die Simulation als konstanter Massenstrom am Auslass. Auf eine vollständige Nachbildung des geschlossenen Kreislaufs eines Windkanals Göttinger Bauart wird aufgrund der zusätzlichen Komplexität verzichtet. Entsprechend der experimentellen Untersuchungen kann das Fahrzeug zusammen mit den Laufbändern relativ zur Anströmung gedreht werden oder die Strömung dynamisch relativ zum Fahrzeug mit dem FKFS *swing*® System ausgelenkt werden. Dazu kann die Geometrie des FKFS *swing*® Systems in das digitale Modell geladen werden. Die Bewegung der Flügel wird mit dem bereits erwähnten Sliding Mesh Verfahren realisiert. Dazu wird das, den Experimenten entsprechende Winkelsignal der Flügel in der Simulation vorgegeben. Das Berechnungsgitter des DMWK Modells, inklusive FKFS *swing*® System und Fahrzeug, besteht aus etwa $150 \cdot 10^6$ Zellen.

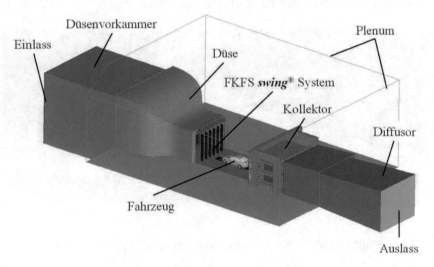

Abbildung 3.11: Digitales Modell des Modellwindkanals der Universität Stuttgart (DMWK)

3.3.4 Simulationsumgebung ohne Windkanal-Interferenzeffekte (DWT)

Um Simulationen in einer Umgebung ohne Windkanal-Interferenzeffekte durchzuführen, wurde zusätzlich eine Simulationsumgebung mit idealisierten Freifeldbedingungen aufgebaut. Die in Abbildung 3.12 dargestellte Simulationsumgebung, die in CFD Untersuchungen häufig verwendet wird (Box), wird im Folgenden als DWT (Digital Wind Tunnel) bezeichnet.

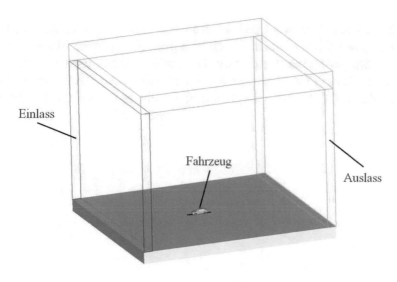

Abbildung 3.12: Digitales Modell der Simulationsumgebung ohne Windkanal-Interferenzeffekte (DWT)

Außer dem Fahrzeug und den Laufbändern befindet sich keine weitere Geometrie zwischen dem Ein- und Auslass. Der reibungsbehaftete Bereich um
das Fahrzeug wird so gewählt, dass sich eine den Windkanalversuchen und
DMWK-Simulationen entsprechende Bodengrenzschicht um das Fahrzeug
einstellt. Das geometrische Blockierungsverhältnis zwischen dem Querschnitt der Simulationsumgebung und der Fahrzeugstirnfläche beträgt 0.1 %.
Die Gesamtlänge der Simulationsumgebung entspricht zwölf Fahrzeuglängen, fünf Fahrzeuglängen stromaufwärts und sechs Fahrzeuglängen stromabwärts. Zusätzlich wurden die Seitenwände entfernt. Daraus resultiert eine
„periodic boundary condition". Dies bedeutet, dass die Strömung, die das Simulationsvolumen auf der einen Seite verlässt, auf der anderen Seite wieder
in das Simulationsvolumen eintritt. Am Einlass wird als Randbedingung eine
definierte Geschwindigkeit vorgegeben, am Auslass der konstante Umge-
bungsdruck. Auch hier kann das Fahrzeug mit den Laufbändern relativ zur
Anströmung gedreht werden. Zur Darstellung der dynamischen Strömungsauslenkung wird am Einlass ein zeitlich veränderlicher, den Experimenten
entsprechender Strömungswinkel vorgegeben. Dieser wird durch die zeitlich

veränderlichen Geschwindigkeitskomponenten in x- und y-Richtung am Einlass dargestellt. Die resultierende Strömungsgeschwindigkeit ist immer konstant. Dies gewährleistet eine Anströmsituation, die mit jener bei der Auslenkung mit dem FKFS *swing*® System übereinstimmt. Das Berechnungsgitter des DWT Modells mit Fahrzeug besteht aus etwa $120 \cdot 10^6$ Zellen.

4 Auslegung eines aktiven Systems zur Böenerzeugung im Windkanal

In diesem Abschnitt sollen zunächst die Anforderungen an das in der Messstrecke des Modellwindkanals zu reproduzierende Strömungsfeld definiert werden. Darauf aufbauend wird das aktive System zur Böenerzeugung ausgelegt. Abschließend werden die grundlegenden Eigenschaften des Strömungsfelds in der leeren Messstrecke beschrieben.

4.1 Anforderungen an das Strömungsfeld

Das Strömungsfeld in der Messstrecke des Windkanals soll die wesentlichen Eigenschaften von böigem Seitenwind reproduzieren. Von besonderem Interesse ist hierbei die Anströmsituation bei starkem Wind, da dieser die Richtungsstabilität eines Fahrzeugs negativ beeinflussen kann. Die wesentlichen Eigenschaften der auf der Straße vorherrschenden, für die Fahrdynamik relevanten Anströmbedingungen wurden in Kapitel 2.1.4 vorgestellt. Daraus leiten sich die Anforderungen an das Strömungsfeld im Modellwindkanal ab.

Wichtig für die Seitenwindempfindlichkeit eines Fahrzeugs ist vor allem die Größe der lateralen turbulenten Längenskalen, welche bei starkem Wind als großskalige Böen quer zur Hauptströmungsrichtung in der Größenordnung des Fahrzeugs oder deutlich größer auftreten. Kleinskalige turbulente Strukturen und vertikale Komponenten sollen nicht reproduziert werden. Das Vorhandensein eines vertikal gescherten Geschwindigkeitsprofils wird zwar von Cogotti [62] erwähnt, jedoch deuten die Ergebnisse in der Literatur darauf hin, dass vertikale Schwankungen um ein vielfaches kleiner sind, als in der horizontalen Ebene der Anströmung. Dies ermöglicht außerdem, dass das Strömungsfeld, mit dem das Fahrzeug angeregt wird, über einen einzigen Systemeingang abgebildet werden kann. Ist das Strömungsfeld um das Fahrzeug vollständig kohärent, dann kann die Eingangsgröße mit einem einzigen, die gesamte Information besitzenden Messpunkt erfasst werden. Der Mess-

© Springer Fachmedien Wiesbaden GmbH, ein Teil von Springer Nature 2018
D. Stoll, *Ein Beitrag zur Untersuchung der aerodynamischen Eigenschaften von Fahrzeugen unter böigem Seitenwind*, Wissenschaftliche Reihe Fahrzeugtechnik Universität Stuttgart, https://doi.org/10.1007/978-3-658-21545-3_4

aufbau kann dann entsprechend Abbildung 2.1 als lineares, zeitinvariantes Ein-/ Ausgangssystem definiert werden. Ist die Gültigkeit des Systems durch die in Kapitel 2.1.5 definierte Kohärenz gegeben, kann die Fahrzeugreaktion durch die aerodynamische Admittanz und Übertragungsfunktion beschrieben werden. Um den für die Fahrdynamik relevanten Frequenzbereich bis 2 Hz abzubilden, muss für den kleinsten untersuchten Modellmaßstab 1:5 eine Böenfrequenz von mindestens $f_{min} = 10$ Hz realisiert werden. Die Anregung soll breitbandig mit einer dem Kármánschen Turbulenzspektrum entsprechenden Energieverteilung erfolgen. Es sollen Strömungswinkel von $\beta = \pm 10°$ mit einer gauß- bzw. normalverteilten Häufigkeitsverteilung reproduziert werden. Einzelereignisse sowie außergewöhnliche Windereignisse mit Strömungswinkeln $\beta > 10°$ werden nicht betrachtet.

Der Modellwindkanal soll als Versuchsumgebung zur Bestimmung der stationären als auch der instationären Fahrzeugeigenschaften verwendet werden. Da mit einem stationären Modell gearbeitet werden soll, sollen die Böen quer zur Hauptströmungsrichtung durch ein aktives System, mit dem der Windkanalstrahl gezielt seitlich ausgelenkt werden kann, erzeugt werden. Die Eigenschaften des Strömungsfelds bei stationär ausgelenkter Strömung sollen dabei mit denen unter stationären Bedingungen bei Drehung des Modells übereinstimmen.

4.2   Auslegung des aktiven Systems zur Böenerzeugung

Anhand der zuvor definierten Anforderungen an das Strömungsfeld wird in diesem Abschnitt das aktive System zur Böenerzeugung ausgelegt. Aufbauend auf dem von Schröck [1] im Modellwindkanal der Universität Stuttgart entwickelten System, soll dieses im Folgenden weiterentwickelt werden. Das Ziel ist es, einen größeren Freiheitsgrad bezüglich der erreichbaren Amplitude und Frequenz des Strömungswinkels sowie eine Verbesserung der Homogenität über die Breite und Höhe des ausgelenkten Strömungsfelds zu erreichen.

Im Rahmen einer Parameterstudie [98] wurde zunächst anhand der symmetrischen NACA-Flügelprofile der Einfluss der Profilsehnenlänge, der Profildicke sowie des relativen Abstands zwischen den Flügeln auf das resultierende Strömungsfeld im Nachlauf einer Flügelanordnung mit unendlich vielen Nachbarn untersucht. Dazu wurde das zweidimensionale und stationäre Simulationsprogramm JavaFoil [99 bis 101] verwendet. JavaFoil ist ein im Bereich der Luft- und Raumfahrt weit verbreitetes Programm zum Entwurf und zur Berechnung von Flügelprofilen. Mit dem System sollen Strömungswinkel von 10° erreicht werden. Dabei soll keine durch Strömungsablösung an den Flügeln verursachte Turbulenz entstehen. Es ist davon auszugehen, dass eine Auslegung des Systems unter stationären Bedingungen eine konservative Abschätzung bezüglich der erzielbaren Strömungswinkel liefert. Der stationäre Fall, also strenggenommen 0 Hz, stellt den bezüglich der Gefahr der Strömungsablösung kritischen Fall dar. Mit zunehmender Frequenz der Auslenkung ist mit einer Verringerung der Ablösegefahr und höheren Auftriebsbeiwerten, also größeren resultierenden Strömungswinkeln, zu rechnen [102]. Die Profilsehnenlänge, die Flügeldicke und der Abstand zwischen den Flügeln wurden so gewählt, dass bei einem mittleren Strömungswinkel von 10° die Abweichung des Strömungswinkels zwischen den Flügeln kleiner ±0.5° ist. Eine Konfiguration des Systems bestehend aus NACA0015 Flügelprofilen mit einer Profilsehnenlänge von l_c = 120 mm und einem relativen Abstand zwischen den Flügeln von d/l_c = 1.875 stellt dabei den besten Kompromiss an die gestellten Anforderungen dar [98].

Aufbauend auf der Parameterstudie wurde das NACA0015 Flügelprofil so optimiert, dass sich die Gefahr der Strömungsablösung zu höheren Anstellwinkeln verschiebt und sich gleichzeitig der Auftrieb und dadurch der resultierende Strömungswinkel erhöht. Dazu wurde das in JavaFoil implementierte „inverse design" verwendet. Das Programm verändert die Flügelkontur, um eine vorgegebene Druckverteilung auf der Oberfläche zu erzeugen. In Abbildung A.1 im Anhang ist die resultierende Flügelkontur sowie der Druckverlauf auf der Oberfläche des optimierten Flügelprofils im Vergleich zum NACA0015 Flügelprofil bei 0° Anstellwinkel dargestellt. Es wurden zwei wesentliche Änderungen umgesetzt:

1. Der Druckverlauf im Bereich der Profilnase wurde so angepasst, dass sich eine größere Saugspitze ausbildet also der Druckabfall maximiert

wird. Daraus resultiert durch das „inverse design" ein größerer Nasen-
radius im Bereich der Profilnase. Diese Maßnahme führt zu einer stärkeren Beschleunigung der Strömung in diesem Bereich, was zu einer Zunahme der resultierenden Auftriebsbeiwerte bei Anstellwinkeln bis 12°
führt.

2. Die Dickenrücklage des Profils wurde in Richtung der Profilnase ver-
    schoben. Außerdem wurde ein geringerer Gradient des Druckverlaufs
    im Bereich $x/l_c = 0.3{-}1$ vorgegeben. Daraus resultiert bei einem An-
    stellwinkel von 12° eine spätere Ablösung der Strömung an der Profil-
    hinterkante. Ein gewollter Nebeneffekt der Änderung im Druckverlauf
    ist die aus dem „inverse design" resultierende Verjüngung der Profil-
    kontur. Der Flügelschwerpunkt wird zur Profilnase hin verschoben und
    die Massenträgheit in Bezug zur Drehachse wird verringert, wodurch die
    benötigte Antriebsleistung reduziert wird.

Durch das optimierte Flügelprofil konnte der Bereich der Strömungsablösung zu größeren Anstellwinkeln verschoben und der resultierende Strömungswinkel erhöht werden. Gleichzeitig konnte die Massenträgheit bezüglich der Drehachse reduziert werden. Diese Anordnung ermöglicht eine effiziente Auslenkung der Strömung, ohne dass eine Strömungsablösung an den
Flügeln auftritt. Die Analyse in JavaFoil zeigt, dass die Flügelanordnung mit
dem optimierten Flügelprofil bei einem Anstellwinkel der Flügel von $\alpha = 12°$
einen gleichmäßigen Strömungswinkel von $\beta = 10°$ mit einer Abweichung
$< \pm 0.5°$ erzeugt.

Um die Eigenschaften des unter stationären Bedingungen ausgelegten Systems zu überprüfen, wurden zusätzlich Simulationen in PowerFLOW® bei
dynamischer Auslenkung der Strömung durchgeführt. Dazu wurde eine idea-
lisierte quasi-zweidimensionale Simulationsumgebung mit endlicher Dicke
aufgebaut. Durch eine „periodic boundary condition" konnte der Einfluss
einer Flügelanordnung mit unendlich vielen Nachbarn berücksichtigt werden.
In Abbildung 4.1 ist eine Momentaufnahme des in PowerFLOW® berechneten instationären Strömungsfelds dargestellt. Die Simulationen des instationären Strömungsfelds mit optimiertem Flügelprofil und dem Abstandsver-
hältnis $d/l_c = 1.875$ konnten die Erkenntnisse aus der zuvor durchgeführten
stationären Untersuchung bestätigen. Die Ergebnisse zeigen bei sinusförmiger Auslenkung im Frequenzbereich bis 12 Hz einen über die Breite

konstanten maximalen Strömungswinkel von 10° und eine Abweichung des Strömungswinkels kleiner ±0.5°. Die Ergebnisse bestätigen die Annahme, dass eine Auslegung unter stationären Bedingungen eine konservative Abschätzung des zu erwartenden Strömungswinkels liefert.

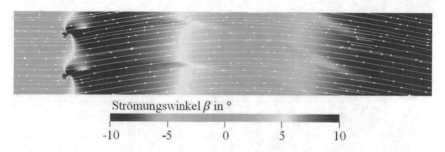

Strömungswinkel β in °

-10   -5   0   5   10

Abbildung 4.1: Momentaufnahme einer instationären Simulation der Flügelkaskade in PowerFLOW® bei sinusförmiger Auslenkung mit 12 Hz und einer Amplitude des Flügelwinkels von $\alpha = +12°$

Basierend auf den zuvor vorgestellten Ergebnissen wurde ein entsprechendes System im Modellwindkanal der Universität Stuttgart implementiert. Dazu wurde das bereits vorhandene System von vier auf sechs Flügelprofile erwietert, die in einem Abstand von 225 mm ($d/l_c = 1.875$) zueinander am Düsenaustritt platziert sind. Außerdem wurde die Höhe der Flügel von ursprünglich 0.5 m auf die komplette Höhe der Düse von 1.05 m erweitert. Anstatt der ursprünglich eingesetzten NACA0020 Flügelprofile wurden Flügel mit der vorgestellten optimierten Flügelkontur aufgebaut. Durch die realisierte Schalenbauweise mit Faserverbundwerkstoffen konnte das Massenträgheitsmoment bezüglich der Drehachse um etwa 38 % gegenüber den ursprünglichen, nur halb so hohen Flügeln reduziert werden [103]. Die Lage der Drehachse bei $x/l_c = 0.2$ gewährleistet zudem ein aerodynamisch stabiles Verhalten und reduziert die instationären aerodynamischen auf den Flügel wirkenden Kräfte.

In Abbildung 4.2 ist das als FKFS *swing*® (<u>S</u>ide <u>W</u>ind <u>G</u>enerator) bezeichnete System am Düsenaustritt des Modellwindkanals dargestellt. Der Antrieb der Flügel erfolgt über die oberhalb angebrachten Servomotoren sowie einer

Steuerung der Firma Lenze. Die Steuerung erfolgt synchronisiert und ermöglicht eine parallele Bewegung aller Flügel. Die Lagerung der Flügel am unteren Ende ist im Bereich der Grenzschichtvorabsaugung integriert.

Abbildung 4.2: Modell des FKFS *swing*® (S̲ide W̲in̲d G̲enerator) Systems mit DrivAer Stufenheckmodell in der Messstrecke des Modellwindkanals

4.3   Eigenschaften des Strömungsfelds

Um die Eigenschaften des durch das FKFS *swing*® System erzeugten Strömungsfelds zu beschreiben wurden Messungen mit der Cobra-Sonde in der leeren Messstrecke des Modellwindkanals durchgeführt. Zur Validierung der CFD Simulationen werden entsprechende Simulationsergebnisse des DMWK herangezogen.

Auf der linken Seite in Abbildung 4.3 sind experimentelle Werte der Cobra-Sonde sowie Ergebnisse der DMWK-Simulation für eine Reihe von stationären Anstellwinkeln an einer Position in der leeren Messstrecke $x =$ 625 mm vor der Messstreckenmitte ($y = 0$, $z = 250$ mm) dargestellt. Ein linearer Anstieg des Strömungswinkels bis $\beta = 10°$ kann festgestellt werden. Das Experiment und die Simulationsergebnisse sind in guter Übereinstimmung. Die Steigung der Kurven ergibt einen stationären Gradient zwischen Flügelwinkel und resultierendem Strömungswinkel von $d\beta/d\alpha = 0.8$. Die Abhängigkeit der Amplitude des Strömungswinkels vom eingestellten Flügelwinkel für unterschiedliche Frequenzen bei sinusförmiger Auslenkung der Strömung ist auf der rechten Seite in Abbildung 4.3 zusammengefasst. Auch diesbezüglich lässt sich feststellen, dass die Simulationsergebnisse mit dem Experiment übereinstimmen. Die zum Erreichen eines resultierenden Strömungswinkels benötigte Flügelamplitude kann in guter Näherung durch den stationären Gradienten $d\beta/d\alpha = 0.8$ (dargestellt als gestrichelte Linie) angegeben werden.

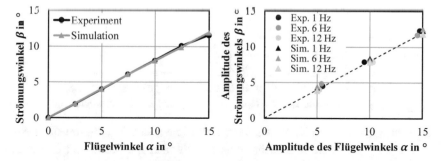

Abbildung 4.3: Vergleich zwischen Experiment und Simulation des resultierenden Strömungswinkels bei stationärer Auslenkung (links); Abhängigkeit der Amplitude des Strömungswinkels von der Flügelamplitude bei diskreten Frequenzen (rechts)

Abbildung 4.4 zeigt die resultierenden Strömungswinkel bei stationärer Auslenkung der Flügel mit $\alpha = 6°$ und $\alpha = 12°$ im Bereich um ein 25 % Modell (625 mm > x > −625 mm, 300 mm > y > −300 mm, z = 250 mm). Bezogen auf den Strömungswinkel bei y = 0 ist sowohl im Experiment als auch in der

Simulation eine nicht konstante Verteilung des resultierenden Strömungswinkels über die Breite des Strömungsfelds zu beobachten. Außerdem nehmen die mittleren resultierenden Strömungswinkel über die Länge des betrachteten Strömungsfelds ab. Dieses Verhalten ist zum einen auf den fehlenden Nachbarn im Bereich der Leeseite des äußersten Flügelprofils zurückzuführen. In diesem Bereich wird durch den fehlenden Nachbarn die Effektivität der Strömungsauslenkung reduziert. Zum anderen bildet sich bei stationärer Auslenkung eine Sekundärströmung im Plenum aus, die zu den unsym-
metrischen Abweichungen des Strömungswinkels führt. Die maximale Ab-
wiechung zum mittleren resultierenden Strömungswinkel ist bei einem Anstellwinkel von 12° kleiner als ±1°. Die Homogenität des Strömungsfelds
quer zur Hauptströmungsrichtung ist bei stationärer Auslenkung ausreichend
gegeben.

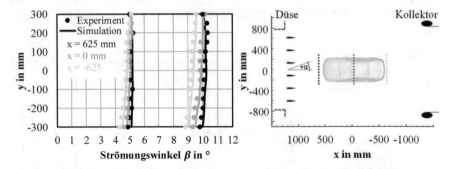

Abbildung 4.4: Vergleich zwischen Experiment und Simulation des resultierenden Strömungswinkels über die Breite und Länge der
leeren Messstrecke bei stationärer Auslenkung mit $\alpha = 6°$
und $\alpha = 12°$ (rechte Seite dargestellt zur Orientierung)

Zusätzlich wurde die Homogenität quer zur Hauptströmungsrichtung in einer
y-z-Ebene 625 mm vor der Messstreckenmitte, also im Bereich vor dem
Fahrzeug untersucht. Messungen in einem quadratischen Raster mit einem
Abstand von 50 mm zwischen den Messpunkten über eine Breite von y =
±300 mm und eine Höhe bis z = 750 mm zeigen eine gleichmäßige Verteilung der maximalen Amplitude des Strömungswinkels bei sinusförmiger
Auslenkung der Flügel mit einer Flügelamplitude von ±12° im betrachteten

Frequenzbereich bis 12 Hz. Auch hier kann eine gute Übereinstimmung zwischen den Simulationsergebnissen und dem Experiment festgestellt werden. Nur im Bereich der Bodengrenzschicht ist, aufgrund der nicht simulierten Grenzschichtkonditionierung, der resultierenden Strömungswinkel geringfügig kleiner als im übrigen Strömungsfeld. Vorangegangene Untersuchungen haben gezeigt, dass durch den Einsatz der Grenzschichtkonditionierung auch bei dynamischer Strömungsauslenkung ein Rechteckprofil der Bodengrenzschicht erzeugt werden kann [104].

Die vorgestellten Ergebnisse zeigen, dass das Strömungsfeld vor dem Fahrzeug über die Breite und die Höhe homogen ist. Die grundlegenden Eigenschaften des Strömungsfelds entsprechen den von Schröck [1] vorgestellten Eigenschaften des vorigen Systems. Es wird daher zunächst davon ausgegangen, dass das Strömungsfeld, wie in Kapitel 4.1 gefordert, durch einen einzigen Systemeingang abgebildet werden kann und ein einziger Messpunkt vor dem Fahrzeug ausreicht, um die Windanregung zu beschreiben.

In Abbildung 4.5 sind zur Beschreibung der in dieser Arbeit gewählten breitbandigen Anregung Messergebnisse an einem Messpunkt in der Mitte der Drehscheibe (x = y = 0), z = 250 mm über dem Messstreckenboden dargestellt. Der Zeitverlauf des Strömungswinkels β zeigt langsame Änderungen mit kleiner Amplitude wie auch abrupte Änderungen des Strömungswinkels mit einer maximalen Amplitude von $\pm 10°$.

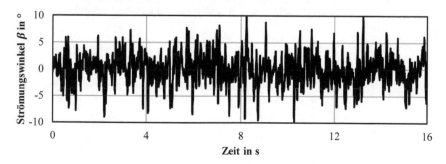

Abbildung 4.5: Zeitverlauf des Strömungswinkels β bei breitbandiger Anregung in der Mitte der leeren Messstrecke

Das breitbandige Böenspektrum lässt sich anhand der in Abbildung 4.6 dargestellten Wahrscheinlichkeitsdichteverteilung des Strömungswinkels sowie des Geschwindigkeitsspektrums quer zur Hauptströmungsrichtung charakterisieren. Die Häufigkeitsverteilung des Strömungswinkels ist normalverteilt. Der maximale Strömungswinkel beträgt ±10°. Das Signal entspricht außerdem dem Kármánschen Turbulenzspektrum. Die Turbulenzintensität beträgt $Tu_v = 4.5\,\%$ und das turbulente Längenmaß $L_v = 0.9$ m. Die Anströmbedingungen sind in guter Übereinstimmung mit den in Kapitel 2.1.4 vorgestellten Ergebnissen aus Straßenmessungen und bilden die für die Fahrdynamik relevanten und wesentlichen Eigenschaften von starkem böigem Seitenwind ab.

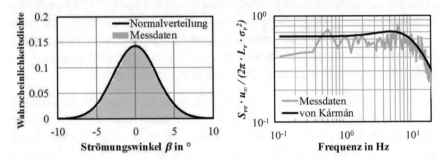

Abbildung 4.6: Häufigkeitsverteilung des Strömungswinkels β (links) und Geschwindigkeitsspektrum der v-Komponente der Anströmung (rechts) in der Mitte der leeren Messstrecke

5 Experimentelle Untersuchungen an den 20 % und 25 % SAE Modellen

In diesem Kapitel wird die Übertragbarkeit der aerodynamischen Fahrzeugeigenschaften der SAE Modelle zwischen dem untersuchten 1:4 (25 %) und 1:5 (20 %) Modellmaßstab untersucht. Zunächst werden die Seitenkraft und das Giermoment unter stationären Anströmbedingungen bestimmt. Anschließend wird auf das instationäre Verhalten der Modelle unter Seitenwindanregung eingegangen. Das Hauptaugenmerk liegt hierbei auf dem Vergleich des instationären Übertragungsverhaltens zwischen den untersuchten Modellmaßstäben und Fahrzeugformen.

Alle Messungen wurden im Modellwindkanal der Universität Stuttgart (MWK) bei einer Anströmgeschwindigkeit von $v_\infty = 35$ m/s durchgeführt. Dies entspricht einer Reynoldszahl von $Re = 1.96 \cdot 10^6$ für die 20 % SAE Modelle und $Re = 2.45 \cdot 10^6$ für die 25 % SAE Modelle. Da im betrachteten Geschwindigkeitsbereich keine Abhängigkeit der dimensionslosen Seitenkraft- und Giermomentbeiwerte von der Reynoldszahl festgestellt werden kann, wird auf eine Einhaltung der Reynoldszahl zwischen den Modellmaßstäben verzichtet. Dies erlaubt außerdem geschwindigkeitsabhängige Einflüsse der Versuchsumgebung auszuschließen, oder zu identifizieren. Es wird keine Grenzschichtkonditionierung und Bodensimulation berücksichtigt, alle Messungen wurden bei stehendem Boden (KBS) durchgeführt. Zur Bestimmung des Anströmwinkels und des Messpunkts der die komplette Information der Anströmung enthält, war die Cobra-Sonde bei allen Messungen unter instationären Anströmbedingungen an einer Position x = 850 mm vor der Mitte der Messstrecke und z = 750 mm über dem Boden platziert.

Die Ergebnisse der stationären Gierwinkelreihe wurden für jeden Anstellwinkel über eine Messzeit von 30 s gemittelt. Die Ergebnisse unter instationären Anströmbedingungen wurden über eine Messzeit von 256 s aufgezeichnet. Die Abtastfrequenz betrug $f_s = 256$ Hz, die Daten wurden mit einem 100 Hz Butterworth-Tiefpassfilter gefiltert. Um Leakage-Effekte zu vermeiden, wurde zur Fensterung der berechneten Auto- und Kreuzleistungsdichtespektren ein Hanning-Fenster gewählt [78, 105]. Aus der gewählten Fensterlänge von $T_f = 8$ s ergibt sich eine Frequenzauflösung von $\Delta f = 0.125$ Hz.

5.1   Ergebnisse unter stationären Anströmbedingungen

In Abbildung 5.1 ist das Ergebnis der stationären Gierwinkelreihe für die untersuchten 20 % und 25 % Modelle mit Stufen- und Vollheck dargestellt. Der Seitenkraftbeiwert sowie der Giermomentbeiwert zeigt für alle Modelle einen linearen Anstieg über dem relevanten Anströmwinkelbereich von $\beta = \pm10°$. Das Stufenheckmodell zeigt hierbei, unabhängig vom untersuchen Modellmaßstab, ein anderes Verhalten als das Vollheckmodell. Beim Stufenheckmodell ist ein schwächerer Anstieg der Seitenkraft zu beobachten als beim Vollheckmodell. Das Vollheckmodell weist dagegen einen schwächeren Anstieg des Giermoments auf. Die Unterschiede zwischen Stufen- und Vollheckmodell sind auf die resultierende Druckverteilungen im Heckbereich der Seitenfläche zurückzuführen.

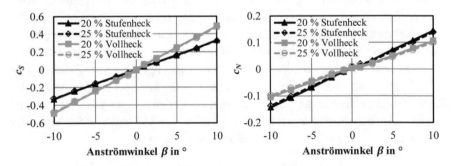

Abbildung 5.1: Ergebnis der stationären Gierwinkelreihe der 20 % und 25 % SAE Modelle mit Stufenheck- und Vollheckaufsatz (links: Seitenkraftbeiwert, rechts: Giermomentbeiwert)

Der aus der Steigung der Geraden berechnete stationäre Gradient der Seitenkraft $dc_S/d\beta$ und des Giermoments $dc_N/d\beta$ ist in Abbildung 5.2 dargestellt.

Dieser wird, wie bereits erläutert, häufig zur Beurteilung der Seitenwind-empfindlichkeit eines Fahrzeugs herangezogen. Da insbesondere Gierbewe-gungen vom Fahrer wahrgenommen werden, führt ein starker Anstieg des Giermoments bei zunehmendem Anströmwinkel, beziehungsweise ein gro-ßer stationärer Gradient des Giermoments nach dem klassischen quasi-statio-nären Ansatz zu einer schlechten Bewertung des Seitenwindverhaltens. Unter stationärem Seitenwind stellt sich ein das Fahrzeug aus der Fahrtrichtung ab-drehendes Giermoment ein [106]. Nach dem quasi-stationären Ansatz wird das Stufenheckmodell als seitenwindempfindlicher bewertet als das Voll-heckmodell. Diese Bewertung deckt sich mit Erfahrungen aus Fahrversu-chen.

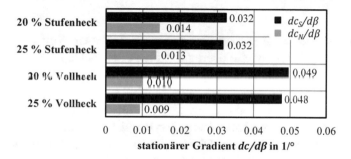

Abbildung 5.2: Stationäre Gradienten der Seitenkraft und des Giermoments der 20 % und 25 % SAE Modelle mit Stufenheck- und Vollheckaufsatz

Unter stationären Anströmbedingungen kann eine gute Übereinstimmung der aerodynamischen Fahrzeugeigenschaften zwischen den untersuchten Modell-maßstäben festgestellt werden. Der Vergleich zwischen den Fahrzeugformen unterschiedlichen Modellmaßstabs zeigt, dass das Fahrzeugverhalten unter stationären Anströmbedingungen nahezu identisch ist. Die Abweichung der stationären Gradienten zwischen den jeweiligen Heckformen der unter-schiedlichen Modellmaßstäbe ist dabei $\Delta\,dc/d\beta \leq 0.001/°$.

5.2   Ergebnisse unter instationären Anströmbedingungen

Im Folgenden wird auf die Auswirkungen der in Kapitel 4.3 vorgestellten breitbandigen Windanregung eingegangen. Die Beschreibung der instationären aerodynamischen Fahrzeugeigenschaften erfolgt mit den in Kapitel 2.1.5 eingeführten Größen Kohärenz, Admittanz und Übertragungsfunktion. Die Darstellung erfolgt zunächst in Abhängigkeit der nach Gleichung 2.18 definierten Strouhalzahl Sr. Eine Strouhalzahl von $Sr = 0.2$ entspricht bei einer Geschwindigkeit von $v_\infty = 160$ km/h für ein 1:1 Fahrzeug mit einem Radstand von $l_0 = 3$ m einer Frequenz von 3 Hz. Der dargestellte Frequenzbereich deckt somit den für die Fahrdynamik relevanten Bereich vollständig ab.

Die in Abbildung 5.3 dargestellte Kohärenz zwischen Windanregung und Seitenkraft beziehungsweise Giermoment der untersuchten Fahrzeugmodelle wird zur Überprüfung der Gültigkeit der Ein-/ Ausgangsbeziehung herangezogen. Über den dargestellten Strouhalzahlbereich nimmt die Kohärenz der Modelle sowohl für die Seitenkraft als auch für das Giermoment sehr hohe Werte an. Ab einer Strouhalzahl von $Sr = 0.15$ ist ein Abfallen der Kohärenz der Seitenkraft zu beobachten. Dieses fällt für die 20 % Modelle stärker aus als für die entsprechenden 25 % Modelle. Dies kann zum einen auf eine zusätzliche nicht mit der Windanregung korrelierte Störgröße zurückgeführt werden. Zum anderen nimmt die Amplitude der resultierenden instationären Seitenkraft im Bereich $Sr > 0.15$ ab, was zu einem geringen Signal-Rausch-Verhältnis führt. Die Admittanz und die Übertragungsfunktion können im Strouhalzahlbereich bis $Sr = 0.15$ zur Beschreibung der resultierenden Kräfte und Momente aus der Windanregung herangezogen werden. Die Modellreaktion ist korreliert zur Windanregung. Überlagerte Kräfte, die nicht mit der an dem Messpunkt vor dem Fahrzeug erfassten Windanregung korreliert sind, können nicht identifiziert werden.

Die Ergebnisse der Kohärenz zwischen Windanregung und Seitenkraft beziehungsweise Giermoment lassen den Schluss zu, dass das Strömungsfeld vor dem Fahrzeug vollständig kohärent ist und die gesamte Information der Fahrzeuganregung enthält. Es liegt ein kausaler Zusammenhang zwischen Windanregung und resultierender Seitenkraft und Giermoment vor. Die Bestim-

mung der Admittanz sowie der Übertragungsfunktion ist eindeutig. Die Fahrzeugreaktion ist der an dem Messpunkt vor dem Fahrzeug erfassten Windanregung zuzuschreiben. Des Weiteren ist die Admittanz und Übertragungsfunktion aufgrund der Linearität des Systems unabhängig von der Amplitude
des Strömungswinkels und der Windgeschwindigkeit. In Kapitel A.2 im Anhang sind entsprechende Ergebnisse des 20 % Stufenheckmodells bei unterschiedlichen Anströmbedingungen dargestellt. Die Ergebnisse bei halber
Amplitude des Anströmwinkels und halber Anströmgeschwindigkeit liegen
auf demselben absoluten Niveau wie die Referenzmessung. Eine möglichst
starke Anregung ermöglicht einen großen Signal-Rauschabstand und ist daher zu bevorzugen. Außerdem wird deutlich, dass bei einer harmonisch oszil-
lierenden Auslenkung des Strömungsfelds die Ergebnisse unter breitbandiger
Anregung reproduziert werden. Aufgrund der höheren Frequenzauflösung
und der verringerten Messzeit wird mit der vorgestellten breitbandigen Anregung gearbeitet.

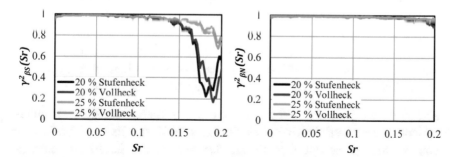

Abbildung 5.3: Kohärenz zwischen Windanregung und resultierender
Seitenkraft (links) beziehungsweise Giermoment (rechts)
für die untersuchten Modelle

Die in Abbildung 5.4 dargestellte aerodynamische Admittanz der Seitenkraft
und des Giermoments erreicht bei kleinen Frequenzen für alle Modelle einen
Wert von 1. Der quasi-stationäre Ansatz ist gültig, das Strömungsfeld entspricht demjenigen bei Drehung des Modells. In Tabelle 5.1 ist zusätzlich
das Maximum der relativen Überhöhung der Seitenkraft und des Giermoments bei der zugehörigen Strouhalzahl zusammengefasst.

Das 20 % Stufenheckmodell zeigt bei einer Strouhalzahl von $Sr = 0.08$ eine Überhöhung der Seitenkraft im Vergleich zum Stationärwert von ca. 35 %, bevor mit zunehmender Frequenz ein Abfallen der Funktion zu beobachten ist. Das 25 % Stufenheckmodell zeigt bei einer Strouhalzahl von $Sr = 0.12$ eine Überhöhung der Seitenkraft im Vergleich zum Stationärwert von ca. 40 %. Auch hier ist ein Abfallen der Funktion bei zunehmender Frequenz zu beobachten. Die Admittanz des Giermoments für das 20 % Stufenheck-modell übersteigt bei einer Strouhalzahl von $Sr = 0.12$ den stationär ermittel-ten Wert um etwa 35 %. Beim 25 % Modell liegt das maximale Giermoment bei einer Strouhalzahl von $Sr = 0.15$ um etwa 65 % über dem Stationärwert.

Das Maximum der Seitenkraft des 20% Vollheckmodells liegt bei einer Strouhalzahl von $Sr = 0.08$ um 25% über dem stationären Wert. Mit zunehmender Frequenz ist ein Abfallen der Funktion zu beobachten. Das 25% Vollheckmodell zeigt bei einer Strouhalzahl von $Sr = 0.11$ ein Überschwingen der Seitenkraft im Vergleich zum Stationärwert von ca. 30%, auch hier ist ein Abfallen der Funktion bei zunehmender Frequenz zu beobachten. Die Admittanz des Giermoments für das 20% Vollheckmodell übersteigt bei einer Strouhalzahl von $Sr = 0.12$ den stationär ermittelten Wert um etwa 95%. Beim 25% Modell liegt das maximale Giermoment bei einer Strouhalzahl von $Sr = 0.15$ um etwa 150% über dem Stationärwert.

Anders als zu erwarten, fällt das instationäre Verhalten der Modelle unter-schiedlichen Maßstabs nicht auf eine universelle Kurve. Es ist vielmehr eine vom Maßstab abhängige Überhöhung der instationären Kräfte zu beobach-ten. Das Maximum der Überhöhung verschiebt sich beim größeren Modell-maßstab zu einer größeren dimensionslosen Frequenz. Dabei zeigt vor allem die Amplitude des Giermoments bei den 25 % Modellen eine stärker ausge-prägte Überhöhung als dies bei den entsprechenden 20 % Modellen der Fall ist.

Die Ergebnisse des 20 % Stufen- und Vollheckmodells sind in guter Über-einstimmung zu den von Schröck [1] im gleichen Modellmaßstab durchge-führten Untersuchungen, vgl. Abbildung 2.20.

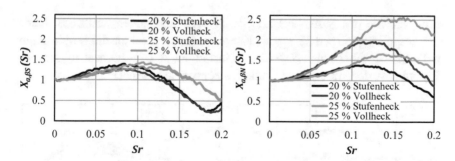

Abbildung 5.4: Admittanz der Seitenkraft (links) und des Giermoments (rechts) für die untersuchten Modelle

Tabelle 5.1: Maximum der relativen Überhöhung der Seitenkraft und des Giermoments bei der zugehörigen Strouhalzahl für die untersuchten Modelle

	$X_{a,\beta S}$		$X_{a,\beta N}$	
	max. in %	Sr (max.)	max. in %	Sr (max.)
20 % Stufenheck	35 %	0.08	35 %	0.12
20 % Vollheck	25 %	0.08	95 %	0.12
25 % Stufenheck	40 %	0.11	65 %	0.15
25 % Vollheck	30 %	0.11	150 %	0.15

Zum Vergleich der absoluten Werte ist in Abbildung 5.5 die Übertragungs-funktion zwischen Windanregung und Seitenkraft beziehungsweise Giermo-ment der Modelle dargestellt. Die Übertragungsfunktionen aller Modelle be-ginnen beim Wert des stationären Gradienten. Wie bereits aus den statio-nären Messungen hervorging, ist die Seitenkraft der Stufenheckmodelle klei-ner als die der Vollheckmodelle. Die Stufenheckmodelle zeigen im gesamten Strouhalzahlbereich geringere Seitenkräfte als die Vollheckmodelle des ent-sprechenden Maßstabs. Im Gegensatz dazu erfahren die Vollheckmodelle ein kleineres Giermoment im Strouhalzahlbereich $Sr < 0.1$. Aufgrund des stärke-ren relativen Anstiegs des Giermoments der beiden Vollheckmodelle, wer-den die instationären Giermomente bei zunehmender Strouhalzahl ähnlich groß wie die des Stufenheckmodells des entsprechenden Maßstabs. Durch die ausgeprägte Überhöhung im Kurvenverlauf erreichen die Vollheckmodelle bei Strouhalzahlen $Sr > 0.1$ ein instationäres Giermoment in der Größenordnung der Stufenheckmodelle des zugehörigen Maßstabs.

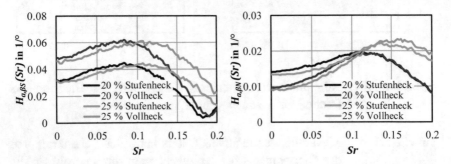

Abbildung 5.5: Übertragungsfunktion der Seitenkraft (links) und des Giermoments (rechts) für die untersuchten Modelle

Aus den Ergebnissen geht hervor, dass die Übertragbarkeit der auftretenden Strömungsphänomene zwischen den betrachteten Modellmaßstäben nicht durch die Strouhalzahl darstellbar ist. Außerdem zeigen die Amplituden der instationären Kräfte, vor allem die des Giermoments, deutlich abweichende Werte im betrachteten Strouhalzahlbereich. Die Ursache für dieses Verhalten soll im Folgenden näher betrachtet werden.

In Abbildung 5.6 bis Abbildung 5.8 sind die entsprechenden Ergebnisse statt über der Strouhalzahl, über der tatsächlichen Frequenz aufgetragen. Ein Abfallen der Kohärenz der Seitenkraft oberhalb von 9 Hz ist für alle Modelle zu beobachten. Sonst treten hohe Werte der Kohärenz über dem untersuchten Frequenzbereich auf, sowohl für die Seitenkraft als auch für das Giermoment.

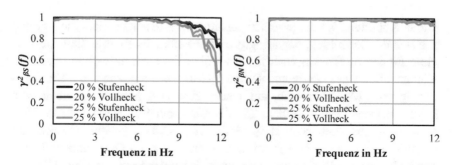

Abbildung 5.6: Kohärenz zwischen Windanregung und resultierender Seitenkraft (links) beziehungsweise Giermoment (rechts) für die untersuchten Modelle

Bei der Betrachtung der in Abbildung 5.7 dargestellten Admittanz fällt auf, das die Maxima der Amplitude der Seitenkraft für alle Modelle bei einer Frequenz von 6 Hz um 25 bis 40 % über dem stationären Wert liegen. Das Maximum des Giermoments liegt bei allen Modellen im Bereich zwischen 8 und 9 Hz. Die relativen Überhöhungen unterscheiden sich jedoch deutlich zwischen den einzelnen Modellen und Maßstäben. Dabei erfahren die 25 % Modelle im Vergleich zu den entsprechenden 20 % Modellen eine größere Amplitude des Giermoments. Das instationäre Giermoment der Vollheckmodelle ist dabei größer als das der im Maßstab identischen Stufenheckmodelle.

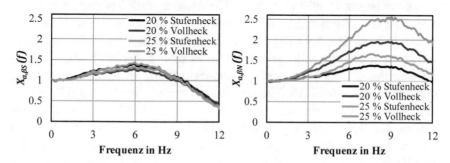

Abbildung 5.7: Admittanz der Seitenkraft (links) und des Giermoments (rechts) für die untersuchten Modelle

Die in Abbildung 5.8 dargestellten absoluten Werte zeigen, dass die Kurven-verläufe der Seitenkraft, unabhängig vom Modellmaßstab, sehr ähnliche Verläufe für das Stufen- als auch für das Vollheckmodell aufweisen. Auch die Kurvenverläufe des Giermoments sind bis zu einer Frequenz von 3 Hz, unabhängig vom Modellmaßstab, auf einem ähnlichen Niveau. Oberhalb von 3 Hz weist das jeweils größere 25 % Stufen- und Vollheckmodell im Vergleich zum entsprechenden 20 % Modell eine stärkere relative Überhöhung gegenüber dem Stationärwert auf. Die Überhöhung des Giermoments ist bei den Vollheckmodellen stärker ausgeprägt als bei den Stufenheckmodellen.

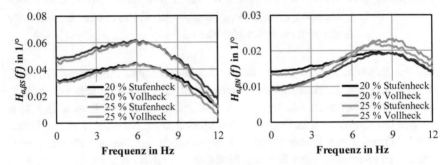

Abbildung 5.8: Übertragungsfunktion der Seitenkraft (links) und des Gier-moments (rechts) für die untersuchten Modelle

Die Ursache der Überhöhung in der Übertragungsfunktion zwischen Wind-anregung und Giermoment soll im Folgenden betrachtet werden. Die auf der linken Seite in Bild 5.9 aufgetragene Übertragungsfunktion zwischen Wind-anregung und vorderer, beziehungsweise hinterer Seitenkraft hilft, die Entstehung des Giermoments nachzuvollziehen. Zunächst wird deutlich, dass der wesentliche Anteil des Giermoments auf die vordere Seitenkraft zurück-zuführen ist. Die hintere Seitenkraft führt bei allen Modellen zu einer Verringerung des Giermoments. Das Niveau der vorderen Seitenkraft der beiden Vollheckmodelle liegt geringfügig über dem der beiden Stufenheckmodelle. Der Verlauf der vorderen Seitenkraft ist unabhängig vom Modellmaßstab für alle Modelle sehr ähnlich. Das Maximum der Überhöhung der vorderen Seitenkraft tritt bei einer Frequenz von etwa 6 Hz auf. Wesentliche Unterschiede sind hingegen bei der hinteren Seitenkraft zu beobachten. Aufgrund der größeren Heckfläche weisen die Vollheckmodelle unterhalb von 3 Hz eine deutlich höhere hintere Seitenkraft auf als die Stufenheckmodelle. Dies führt bei einer rein stationären Betrachtung zu dem bereits erwähnten Anstieg der resultierenden Seitenkraft und der Abnahme des Giermoments. Bei zunehmender Frequenz kommt es beim Vergleich zwischen Stufen- und Vollheckmodell, unabhängig vom Modellmaßstab, beim Vollheckmodell zu einer stärkeren Überhöhung der hinteren Seitenkraft als beim Stufenheckmodell. Das Maximum der Überhöhung der hinteren Seitenkraft tritt dabei beim jeweils größeren Modellmaßstab, bei einer größeren Frequenz und einer gleichzeitig größeren Amplitude auf.

Um den Beitrag der hinteren Seitenkraft zum Giermoment nachzuvollziehen, ist die auf der rechten Seite in Abbildung 5.9 dargestellte Phasenbeziehung zwischen vorderer und hinterer Seitenkraft notwendig. Bei der Berechnung der Phase wurde die Konvention benutzt, dass die Phase mit wachsender Zeit abnimmt.

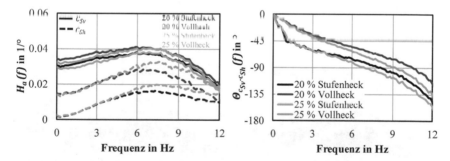

Abbildung 5.9: Übertragungsfunktion zwischen Windanregung und vorderer beziehungsweise hinterer Seitenkraft (links); Phasenbeziehung zwischen vorderer und hinterer Seitenkraft (rechts)

Bei einer Frequenz von 0 Hz ist die vordere und hintere Seitenkraft für alle Modelle phasengleich. Das resultierende Giermoment lässt sich anhand der vektoriellen Beziehung der beiden Kräfte herleiten. Bei zunehmender Frequenz kommt es zu einem Phasenversatz. Der reduzierende Beitrag der hinteren Seitenkraft zum Giermoment wird mit zunehmendem Phasenversatz kleiner. Der reduzierende Beitrag der hinteren Seitenkraft zum Giermoment der beiden Vollheckmodelle wird, trotz der im Vergleich zu den Stufenheckmodellen größeren Amplitude, aufgrund des kleineren Phasenversatzes geringer. Dies führt bei den Vollheckmodellen zu der stärker ausgeprägten Überhöhung des instationären Giermoments. Dieser Zusammenhang erklärt außerdem die Überhöhung des Giermoments beim Vergleich der einzelnen Heckformen zwischen den Modellmaßstäben. Trotz der größeren Amplitude der hinteren Seitenkraft der 25 % Modelle im Vergleich zu den 20 % Modellen, kommt es aufgrund des größeren Phasenversatzes oberhalb einer Frequenz von 3 Hz zu der deutlich stärker ausgeprägten Überhöhung der Übertragungsfunktion des Giermoments gegenüber dem Stationärwert.

Die Unterschiede zwischen den beiden Modellmaßstäben sollen zusätzlich anhand der Druckverteilung auf den Seitenflächen der beiden Stufenheckmodelle betrachtet werden. Da die Drücke auf den Seitenflächen des Modells die an der Windkanalwaage gemessene Seitenkraft und das Giermoment erzeugen, ermöglicht diese Darstellung die Auflösung lokaler Phänomene und trägt so zum Verständnis des instationären Verhaltens bei.

In Abbildung 5.10 ist die Kohärenz zwischen der Windanregung und der Druckdifferenz zwischen der linken und rechten Modellseite der einzelnen Druckmessstellen bei $f = 1$ Hz und $f = 6$ Hz dargestellt.

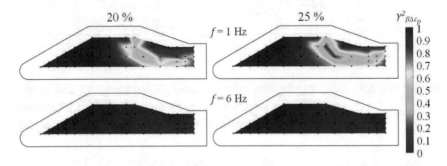

Abbildung 5.10: Kohärenz zwischen Windanregung und Differenz des Oberflächendruckbeiwerts zwischen den Seitenflächen für das 20 % (links) und 25 % (rechts) Stufenheckmodell bei $f = 1$ Hz (oben) und $f = 6$ Hz (unten)

Die niedrigen Werte der Kohärenz bei einer Frequenz von 1 Hz im Bereich der hinteren Modellhälfte ist auf die nicht mit der Windanregung korrelierte, komplexe Interaktion des A- und C-Säulen Wirbels in diesem Bereich zurückzuführen. Sonst liegen über die komplette Seitenfläche hohe Werte der Kohärenz vor. Die Druckadmittanz kann zur Beschreibung der resultierenden Kräfte und Momente aus der Seitenwindanregung herangezogen werden.

Die Werte der Übertragungsfunktion zwischen Windanregung und der Differenz des Oberflächendruckbeiwerts auf den Seitenflächen der Stufenheckmodelle sind in Abbildung 5.11 dargestellt.

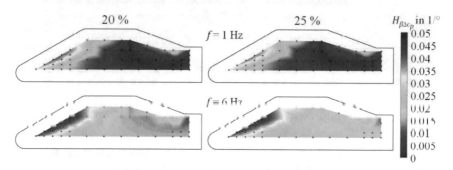

Abbildung 5.11: Übertragungsfunktion zwischen Windanregung und Differenz des Oberflächendruckbeiwerts zwischen den Seitenflächen für das 20 % (links) und 25 % (rechts) Stufenheckmodell bei f = 1 Hz (oben) und f = 6 Hz (unten)

Ein Vergleich der Druckverhältnisse zwischen den beiden Modellmaßstäben zeigt, dass bei einer Frequenz von 1 Hz eine nahezu identische Druckverteilung auf den Seitenflächen der beiden Modelle herrscht. Auch die bei einer Frequenz von 6 Hz festzustellende Zunahme der Amplitude im Bereich der vorderen Modellhälfte ist bei beiden Modellen ähnlich groß. Wesentliche Unterschiede sind bei einer Frequenz von 6 Hz in der hinteren Hälfte der Seitenfläche der Modelle zu erkennen. Beim 25 % Stufenheckmodell treten größere instationäre Drücke auf als beim 20 % Stufenheckmodell. Aufgrund der unterschiedlich starken Amplituden ist das unterschiedliche Verhalten der beiden Modellmaßstäbe im Beitrag dieser Flächen zu begründen. Diese Beobachtungen decken sich mit der in Abbildung 5.9 gezeigten Zunahme der hinteren Seitenkraft des 25 % Modells im Vergleich zum 20 % Modell.

Um die aus den Druckamplituden resultierenden Kräfte vollständig zu beschreiben, ist in Abbildung 5.12 der zeitliche Zusammenhang der auf der Oberfläche auftretenden Drücke dargestellt.

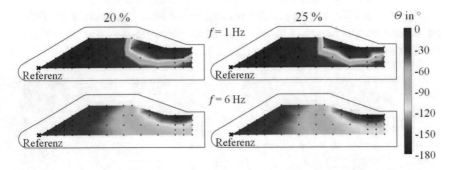

Abbildung 5.12: Phasenbeziehung zwischen der ersten Druckmessstelle (Referenz) und allen übrigen Messstellen auf der Seitenfläche für das 20 % (links) und 25 % (rechts) Stufenheckmodell bei $f = 1$ Hz (oben) und $f = 6$ Hz (unten)

Die Phasenbeziehung der einzelnen Messstellen ist dabei in Bezug auf die vorderste Messstelle (Referenz) angegeben. Beim Vergleich der beiden Modellmaßstäbe bei einer Frequenz von 1 Hz ist zu erkennen, dass eine nahezu identische Phasenbeziehung auf den Seitenflächen der beiden Modelle vorliegt. Im Bereich der vorderen Modellhälfte herrscht bei beiden Stufenheckmodellen Phasengleichheit. Die hintere Modellhälfte steht hingegen in einer Phasenbeziehung von $-180°$, die auftretenden Drücke sind gegenphasig. Dies bedeutet, dass das durch die an der A-Säule auftretenden Drücke verursachte Giermoment durch die im hinteren Bereich des Modells auftretenden Drücke verstärkt wird. Unterschiede sind bei einer Frequenz von 6 Hz im hinteren Bereich der beiden Modelle zu erkennen. Beim 20 % Stufenheckmodell ist im hinteren Bereich eine geringere Abnahme des Phasenversatzes als beim 25 % Stufenheckmodell zu beobachten. Dadurch leisten die hier auftretenden instationären Drücke einen geringeren Beitrag zum instationären Giermoment als dies beim 25 % Modell der Fall ist. Die höhere Gegen-

phasigkeit der Drücke resultiert, trotz der größeren Amplitude, in einer ausgeprägten Überhöhung des instationären Giermoments beim 25 % Modell.

Eine entsprechende Darstellung der Druckverteilung auf den Seitenflächen
der 20 % und 25 % SAE Vollheckmodelle befindet sich in Kapitel A.3 im
Anhang. Da die grundlegenden Erkenntnisse aus der Betrachtung des Stufenheckmodells mit denen des Vollheckmodells übereinstimmen, soll auf die
Erkenntnisse an dieser Stelle nicht nochmals explizit eingegangen werden.

Die in diesem Abschnitt gezeigten Ergebnisse deuten darauf hin, dass die Ursache der dimensionsbehafteten Frequenzabhängigkeit zwischen den Modellmaßstäben auf ein Systemverhalten zurückzuführen ist, welches nicht alleine
aus der Umströmung des Fahrzeugkörpers resultiert. Es scheint vielmehr als
sei das ermittelte aerodynamische Übertragungsverhalten von einem zusätzlichen, von der Fahrzeugumströmung unabhängigen Übertragungsverhalten
überlagert. Mechanische Effekte sind dabei auszuschließen. Die Ursache ist
vielmehr beim Windkanalstrahl zu suchen. Der gefundene Einfluss ist vor
allem im hinteren Bereich der Modelle zu beobachten. Beim größeren Modell resultieren hier größere Druckamplituden sowie ein zeitlicher Bezug, der
in einem deutlich stärkeren Anstieg des Giermoments resultiert. Dieses Verhalten deutet auf eine Veränderung des Strömungsfelds entlang der Fahrzeuglängsachse hin. Die an einem Punkt vor dem Fahrzeug erfasste Eingangs-
gangsgröße scheint zwar die komplette Information der Anregung zu ent-
halten, die resultierende Fahrzeugreaktion ist aber nicht ausschließlich auf
das aerodynamische Übertragungsverhalten des Fahrzeugs zurückzuführen.

6 Untersuchungen zum Übertragungsverhalten des Windkanalstrahls

Um den nicht von der Fahrzeugform stammenden Einfluss auf das frequenzabhängige Übertragungsverhalten aus dem vorigen Kapitel zu untersuchen, wird in diesem Kapitel ein Ansatz vorgestellt, der den Windkanalstrahl mit Methoden der linearen, zeitinvarianten Systemtheorie beschreibt.

Alle Windkanalversuche und CFD-Simulationen wurden bei einer Strömungsgeschwindigkeit von $v_\infty = 35$ m/s durchgeführt. Dies entspricht einer Reynoldszahl von $Re = 2.94 \cdot 10^6$ in Bezug auf den hydraulischen Düsendurchmesser d_h. Die experimentellen Ergebnisse wurden, wie im vorigen Kapitel, über eine Messzeit von 256 s aufgezeichnet und mit den entsprechenden Parametern der Frequenzanalyse ausgewertet. Die CFD-Simulationen wurden für 16 s simuliert. Zur Fensterung der berechneten Auto- und Kreuzleistungsdichtespektren wurde eine Fensterlänge von $T_f = 4$ s gewählt. Daraus ergibt sich eine Frequenzauflösung von $\Delta f = 0.25$ Hz. Alle weiteren Parameter der Frequenzanalyse entsprechen denen der experimentellen Auswertung.

Der in Kapitel 2.1.5 vorgestellte Ansatz zur Bestimmung des aerodynamischen Übertragungsverhaltens eines Fahrzeugs setzt voraus, dass die Windanregung durch ein kohärentes Strömungsfeld verursacht wird, welches durch einen einzigen, die komplette Information beinhaltenden Messpunkt bestimmt werden kann und deshalb ausreicht, um die Fahrzeugreaktion vollständig zu beschreiben. Die in Kapitel 5.2 vorgestellten Ergebnisse haben jedoch gezeigt, dass dem aerodynamischen Übertragungsverhalten des Fahrzeugs ein zusätzliches Übertragungsverhalten überlagert ist. Um das beobachtete Verhalten näher zu erläutern wird deshalb die Windanregung und die Reaktion des Strömungsfelds in der leeren Messstrecke durch eine Ein-/ Ausgangsbeziehung verknüpft.

Entsprechend dem in Abbildung 6.1 dargestellten Ansatz wird der Flügel-winkel α des FKFS **swing**® Systems als Eingangsgröße und der resultierende Strömungswinkel β an unterschiedlichem Messpunkten in der leeren Mess-strecke als Ausgangsgröße zur Bestimmung des Systemverhaltens herange-zogen. Dies ermöglicht eine Beschreibung der instationären Eigenschaften des Windkanalstrahls und stellt eine entscheidende Erweiterung der in Kapi-tel 4.3 vorgestellten Eigenschaften des Strömungsfelds dar.

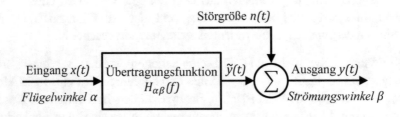

Abbildung 6.1: Messpunkt im Strömungsfeld des Windkanalstrahls defi-niert als Ein-/ Ausgangssystem

Die Darstellung des instationären Verhaltens erfolgt durch die Übertragungs-funktion $H_{\alpha\beta}$ zwischen Flügelwinkel α und Strömungswinkel β. Sie ist gemäß Gleichung 6.1 definiert und wird aus dem Kreuzleistungsdichte-spektrum $S_{\alpha\beta}(f)$ zwischen Flügel- und Strömungswinkel und dem Autoleis-tungsdichtespektrum des Flügelwinkels $S_{\alpha}(f)$ berechnet.

$$H_{\alpha\beta}(f) = \frac{|S_{\alpha\beta}(f)|}{S_{\alpha}(f)} \qquad \text{Gl. 6.1}$$

Es wird ein kausaler Zusammenhang zwischen der Anregung und der Reakti-on des Strömungsfelds aufgestellt. Dieser kann mit Hilfe der Kohärenz $\gamma_{\alpha\beta}^2$ auf seine Gültigkeit überprüft werden.

$$\gamma_{\alpha\beta}^2(f) = \frac{|S_{\alpha\beta}(f)|^2}{S_{\alpha}(f) \cdot S_{\beta}(f)} \qquad \text{Gl. 6.2}$$

Um die räumlichen Eigenschaften des Windkanalstrahls zu quantifizieren, wurden Messungen an den in Abbildung 6.2 dargestellten Positionen in der leeren Messstrecke des Modellwindkanals durchgeführt.

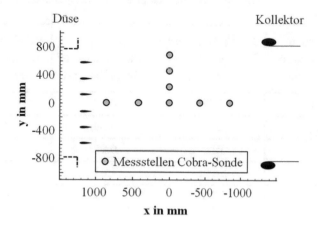

Abbildung 6.2: Position der Messstellen in der leeren Messstrecke zur Bestimmung des Übertragungsverhaltens zwischen Flügelwinkel α und Strömungswinkel β

Wegen des Windkanalbodens und der Anregung in horizontaler Richtung, spielt das vertikale Übertragungsverhalten des Windkanalstrahls eine untergeordnete Rolle. Alle Ergebnisse beziehen sich auf eine für ein Fahrzeugmodell relevante Höhe von $z = 250$ mm über dem Messstreckenboden. Aufgrund der Symmetrie des Windkanalstrahls werden die Ergebnisse nur in positiver y-Richtung dargestellt. Die Position der Messstellen bezieht sich dabei auf das Windkanalkoordinatensystem, die positive x-Richtung befindet sich stromaufwärts von der Messstreckenmitte, die negative x-Richtung stromabwärts. Der zugehörige dimensionslose Düsenabstand für die jeweilige Position in der Messstrecke ist in Tabelle 6.1 angegeben. Zusätzlich ist der Abstand in Bezug zur Drehachse der Flügel dargestellt.

Tabelle 6.1:   Position der Messstellen im Windkanalkoordinatensystem sowie Abstand zur Düsenaustrittsebene, dimensionsloser Düsenabstand und Abstand zur Drehachse der Flügel

x-Position im Windkanal-KOS in mm	x_d Abstand zur Düsenaustritts-ebene in mm	x_d/d_h dimensionsloser Düsenabstand	x_s Abstand zur Drehachse der Flügel in mm
850	375	0.30	190
425	800	0.63	615
0	1225	0.97	1040
−425	1650	1.31	1465
−850	2075	1.65	1890

6.1   Übertragungsverhalten im MWK

In diesem Abschnitt wird das Übertragungsverhalten des Windkanalstrahls im MWK an den zuvor gezeigten Positionen untersucht. Alle Messungen wurden mit dem in Kapitel 4.3 vorgestellten breitbandigen Rauschsignal durchgeführt. Auf eine dimensionslose Darstellung der Frequenz wird aufgrund der besseren Vergleichbarkeit zu den dimensionsbehafteten Ergebnissen aus dem vorigen Kapitel verzichtet.

Zunächst wird das Übertragungsverhalten des Windkanalstrahls an den Positionen entlang der x-Achse in der Mitte der Messstrecke betrachtet. Die auf der rechten Seite in Abbildung 6.3 dargestellte Kohärenz zwischen Flügelwinkel α und Strömungswinkel β wird zur Überprüfung der Gültigkeit der Ein-/ Ausgangsbeziehung herangezogen. Über den dargestellten Frequenzbereich nimmt die Kohärenz an allen Positionen sehr hohe Werte an. An der Position x = −850 ist oberhalb einer Frequenz von 9 Hz eine Abnahme der Kohärenz zu beobachten. Dies ist auf eine zusätzliche – nicht mit der Flügelanregung korrelierte – durch die großskaligen Wirbelstrukturen in der Scherschicht verursachte Störgröße zurückzuführen. Im übrigen Frequenzbereich liegt ein linearer Zusammenhang zwischen Flügelwinkel und resultierendem Strömungswinkel vor. Nicht korrelierte Signalanteile oder nichtlineare Einflüsse können nicht identifiziert werden. Die Übertragungsfunktionen können eindeutig bestimmt werden und sind nicht fehlerbehaftet.

Die auf der linken Seite in Abbildung 6.3 dargestellte Übertragungsfunktion zwischen Flügelwinkel α und Strömungswinkel β strebt für Frequenzen $< 2\,\text{Hz}$ gegen den Wert des stationären Gradienten $d\beta/d\alpha = 0.8$. Im Frequenzbereich zwischen 2 und 9 Hz ist eine mit zunehmendem Abstand zur Düse stark ausgeprägte Überhöhung der resultierenden Amplitude des Strömungswinkels festzustellen. Das Maximum an der Position x = $-850\,\text{mm}$ liegt bei einer Frequenz von 6 Hz um etwa 45 % über dem stationären Wert. Bei Frequenzen $> 9\,\text{Hz}$ ist an allen Positionen ein Abfallen der Übertragungsfunktion zu beobachten, dieses fällt mit zunehmendem Abstand zur Düse stärker aus.

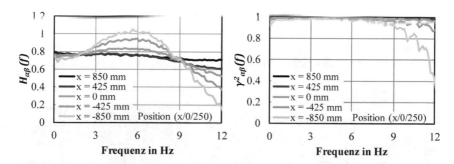

Abbildung 6.3: Übertragungsfunktion (links) und Kohärenz (rechts) zwischen Flügel- und Strömungswinkel an unterschiedlichen Positionen entlang der x-Achse in der leeren Messstrecke des MWK

Auf der linken Seite in Abbildung 6.4 ist der aus der zeitlichen Beziehung zwischen Flügel- und Strömungswinkel berechnete Phasenwinkel $\Theta_{\alpha\beta}(f)$ an den Positionen entlang der x-Achse in der Mitte der Messstrecke dargestellt. Die durchgezogenen Linien zeigen die aus den gemessenen Signalen berechnete Phasenbeziehung. Die gestrichelten Linien stellen die zu erwartenden

Phasenbeziehungen hergeleitet über die räumliche Beziehung zwischen Wellenlänge und Strömungsgeschwindigkeit dar. Eine Abweichung zwischen der gemessenen zeitlichen Änderung und der zu erwartenden räumlichen Änderung ist zu erkennen. Eine Welle die sich mit Strömungsgeschwindigkeit ausbreitet und deren Ursprung an der Drehachse der Flügel liegt, sollte an der Position x = −850 mm, bei einer Frequenz von 9 Hz und einem Abstand zur Drehachse der Flügel von x_s = 1.89 m, einen Phasenversatz von etwa $\Theta_{\alpha\beta}$ = −175° aufweisen. Es werden jedoch etwa $\Theta_{\alpha\beta}$ = −270° gemessen. Es entsteht eine Phasenänderung, die auf die Konvektionsrate der in der Scherschicht abschwimmenden Wirbelstrukturen zurückzuführen ist.

Zur Verdeutlichung dieser Beobachtung ist auf der rechten Seite in Abbildung 6.4 die aus der gemessenen Phasenänderung berechnete Phasengeschwindigkeit v_Θ über der Frequenz in Bezug auf die Strömungsgeschwindigkeit v_∞ dargestellt. Eine sich mit dem Laufweg ändernde Ausbreitungsgeschwindigkeit der Wellen ist festzustellen. Direkt hinter den Flügeln, an der Position x = 850 mm, breiten sich die erzeugten Wellen mit einer der Strahlgeschwindigkeit entsprechenden Geschwindigkeit aus. Mit zunehmendem Abstand zur Düse nimmt die Ausbreitungsgeschwindigkeit ab. Ab der Mitte der Messstrecke ergibt sich in etwa der gleiche Wert von v_Θ = 0.65·v_∞.

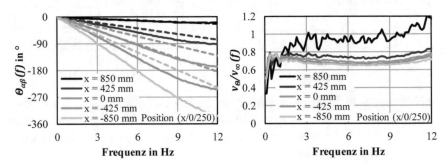

Abbildung 6.4: Phasenbeziehung zwischen Flügel- und Strömungswinkel (links) und Phasengeschwindigkeit relativ zur Strömungsgeschwindigkeit (rechts) an unterschiedlichen Positionen entlang der x-Achse in der leeren Messstrecke des MWK

Diese Ergebnisse lassen den Schluss zu, dass das dynamische Verhalten des ausgelenkten Windkanalstrahls auf die durch die Anfachung der Kelvin-Helmholtz-Instabilität verursachten Instabilitätswellen in der Scherschicht zurückzuführen ist. Die an der Düsenaustrittskante entstehenden kleinskaligen Wirbelstrukturen schließen sich stromabwärts zu größeren Strukturen zusammen und bewegen sich ab der Mitte der Messstrecke ($x_d/d_h \approx 1$) mit etwa 65 % der Strahlgeschwindigkeit in Richtung des Kollektors. Die sich ausbildenden großskaligen Wirbelstrukturen erzeugen im Strahlkern eine Querkomponente, die zu einer Überhöhung des resultierenden Strömungswinkels sowie zu einer zeitlichen Verzögerung der Ausbreitungsgeschwindigkeit im betrachteten Frequenzbereich führt.

Auf der rechten Seite in Abbildung 6.5 ist die Kohärenz an den Positionen entlang der y-Achse in der Mitte der Messstrecke dargestellt. Auch hier werden im betrachteten Frequenzbereich hohe Werte der Kohärenz erreicht. An der Position y = 675 mm ist eine Abnahme der Kohärenz zu beobachten. Die Abnahme der Kohärenz in der Nähe der Scherschicht ist auf eine durch die Turbulenzstrukturen in der Scherschicht verursachte Störung des gemessenen Strömungswinkels zurückzuführen. Bei Messungen an einer Position y = 800 mm, also in der Mitte der Scherschicht, konnten nur sehr geringe Werte der Kohärenz festgestellt werden. Die entsprechenden Ergebnisse werden deshalb nicht dargestellt. Die gemessenen Strömungswinkel in der Scherschicht werden von der nicht zum Flügelwinkel korrelierten Turbulenz der Scherschichtwirbel dominiert.

Die auf der linken Seite in Abbildung 6.5 dargestellte Übertragungsfunktion entlang der y-Achse strebt, bei zunehmendem Abstand zur Strahlachse bis zu einer Position y = 450 mm, für Frequenzen < 2 Hz, gegen den Wert des stationären Gradienten $d\beta/d\alpha = 0.8$. Bei Frequenzen > 4 Hz ist eine, mit zunehmendem Abstand zur Strahlachse ausgeprägte Überhöhung der resultierenden Amplitude des Strömungswinkels festzustellen. Das Maximum an der Position y = 450 mm liegt bei einer Frequenz von 8 Hz um etwa 40 % über dem stationären Wert. An der Position y = 675 mm liegt das Maximum bei einer Frequenz von 12 Hz sogar um etwa 250 % über dem stationären Wert. Weiterhin ist bei Frequenzen > 9 Hz an allen Positionen ein Abfallen der Übertragungsfunktion zu beobachten.

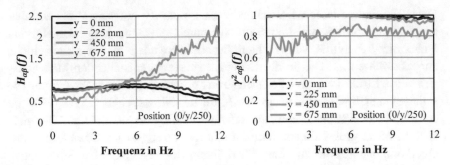

Abbildung 6.5: Übertragungsfunktion (links) und Kohärenz (rechts) zwischen Flügel- und Strömungswinkel an unterschiedlichen Positionen entlang der y-Achse in der leeren Messstrecke des MWK

Die in Abbildung 6.6 dargestellte Phasenbeziehung (links) sowie Phasengeschwindigkeit (rechts) entlang der y-Achse ist an allen dargestellten Positionen etwa gleich groß. Dies zeigt, dass sich die in der Scherschicht entstehenden Querbewegungen mit der gleichen Geschwindigkeit ausbreiten, wie die von ihr auf der Strahlachse induzierten Strömungswinkeländerungen.

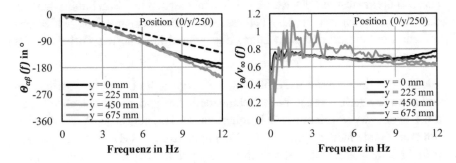

Abbildung 6.6: Phasenbeziehung zwischen Flügel- und Strömungswinkel (links) und Phasengeschwindigkeit relativ zur Strömungsgeschwindigkeit (rechts) an unterschiedlichen Positionen entlang der y-Achse in der leeren Messstrecke des MWK

Um die Abhängigkeit der Übertragungsfunktion zwischen Flügelwinkel und resultierendem Strömungswinkel von der Stärke der Flügelamplitude und der Strömungsgeschwindigkeit zu zeigen, sind in Abbildung 6.7 Ergebnisse an der Position x = y = 0 in der Mitte des Messstrecke mit um die Hälfte reduzierter Amplitude des Flügelwinkels und um 10 m/s höherer und niedrigerer Strömungsgeschwindigkeit dargestellt. Die Ergebnisse sind über der Strouhalzahl aufgetragen, welche mit Hilfe des hydraulischen Düsendurchmessers d_h als Referenzlänge berechnet wird. Der Referenzfall bezeichnet dabei die in Kapitel 4.3 beschriebene Strömungssituation bei einer Strömungsgeschwindigkeit von 35 m/s. Es ist zu erkennen, dass alle Ergebnisse auf dem gleichen absoluten Niveau liegen wie diejenigen der Referenzmessung. Das System kann als linear und zeitinvariant betrachtet werden. Die Übertragungsfunktion ist unabhängig von der Amplitude des Strömungswinkels und der Windgeschwindigkeit. Lediglich bei den Ergebnissen mit halber Amplitude ist eine geringe Abweichung bei kleinen Frequenzen $f < 0.25$ Hz ($Sr <$ 0.01) zu beobachten. Dies ist dem geringeren Signal-Rausch-Verhältnis zuzuordnen, welches sich auch in den geringen Werten der Kohärenz bei diesen Frequenzen widerspiegelt. Das Maximum der Überhöhung bei $Sr = 0.22$ entspricht bei einer Strömungsgeschwindigkeit von 35 m/s einer Frequenz von $f = 6$ Hz. Außerdem zeigen die Ergebnisse, dass die Übertagungsfunktion bei sinusförmiger Auslenkung mit einer Flügelamplitude von ±10° das Ergebnis unter breitbandiger Anregung reproduziert.

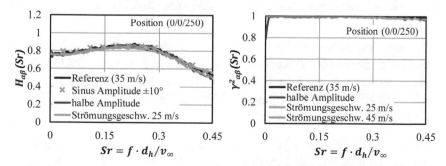

Abbildung 6.7: Übertragungsfunktion (links) und Kohärenz (rechts) zwischen Flügel- und Strömungswinkel in der Mitte der leeren Messstrecke des MWK für verschiedene Strömungsbedingungen

Die in diesem Abschnitt vorgestellten Ergebnisse geben Aufschluss über die räumliche Verstärkung der durch das FKFS *swing*® System erzeugten Strömungsauslenkung. Durch die transversale, wellenförmige Auslenkung des Windkanalstrahls wird die Kelvin-Helmholtz-Instabilität angeregt. Die Überhöhung des Schwankungsanteils in der Querkomponente sowie deren Ausbreitungsgeschwindigkeit ist auf die sich in der Scherschicht ausbreitenden Instabilitätswellen zurückzuführen. Der hier vorgestellte Ansatz zur Beschreibung der instationären Eigenschaften des Strömungsfelds muss berücksichtigt werden, um die dynamische Rückwirkung des Strahlverhaltens auf ein Fahrzeugmodell nachzuvollziehen. Eine Beschreibung des Strömungsfelds anhand von Messdaten in einer Ebene direkt hinter der Düse, wie es zum Beispiel von Schröck [1] und Carlino et al. [24] realisiert wurde, ist in einem Windkanal mit offener Messstrecke nicht ausreichend, um die Fahrzeugreaktion auf Windanregung zu charakterisieren. Das Übertragungsverhalten des Windkanalstrahls unterscheidet sich deutlich von den in einem idealen Freifeld zu erwartenden Bedingungen. Die erzeugten Strömungswinkel variieren abhängig von der Position mit der Amplitude und der Zeit. Dieses Verhalten beeinflusst die Stärke sowie den zeitlichen Bezug der unter Windanregung auf ein Fahrzeug wirkenden Kräfte

6.2   Übertragungsverhalten im DMWK und DWT

In diesem Abschnitt wird das Übertragungsverhalten des Windkanalstrahls in den zur Simulation herangezogenen Versuchsumgebungen (DMWK, DWT) untersucht. Entsprechend der Windkanalversuche wird das Übertragungsverhalten mit Hilfe der Übertragungsfunktion und Kohärenz zwischen Flügel- und Strömungswinkel beschrieben.

Die aus der DMWK-Simulation ermittelte Kohärenz und die Übertragungsfunktion an unterschiedlichen Positionen entlang der x-Achse in der Mitte der Messstrecke ist in Abbildung 6.8 dargestellt.

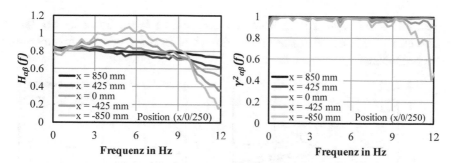

Abbildung 6.8: Übertragungsfunktion (links) und Kohärenz (rechts) zwischen Flügel- und Strömungswinkel an unterschiedlichen Positionen entlang der x-Achse in der leeren Messstrecke des digitalen Modellwindkanals (DMWK)

Eine gute Übereinstimmung zu den im vorigen Abschnitt vorgestellten Ergebnissen der entsprechenden Windkanalversuche ist festzustellen. Aufgrund der deutlich kürzeren Signallänge sind die Kurven nicht so glatt, wie in den entsprechenden Windkanalversuchen. Dennoch sind hohe Werte der Kohärenz an allen Positionen im untersuchten Frequenzbereich zu beobachten. Im Frequenzbereich unterhalb 2 Hz streben die Übertragungsfunktionen gegen den Wert des stationären Gradienten $d\beta/d\alpha = 0.8$. Mit zunehmendem Abstand zur Düse ist ein Anwachsen der Amplitude des Strömungswinkels im Frequenzbereich zwischen 2 und 9 Hz festzustellen. Das Maximum der Amplitude an der Position $x = -850$ mm liegt bei 6 Hz um etwa 45 % über dem stationären Wert.

In Abbildung 6.9 sind die Kohärenz und die Übertragungsfunktion entlang der y-Achse in der Mitte der Messstrecke dargestellt. Das für den Windkanalstrahl des DMWK bestimmte Übertragungsverhalten stimmt auch hier mit dem aus den zuvor vorgestellten experimentellen Ergebnissen überein. Bis zu einer Position von y = 450 mm werden sehr hohe Werte der Kohärenz erreicht. Die Überhöhung der Übertragungsfunktion nimmt im Vergleich zur Strahlachse (y = 0) in Richtung der Scherschicht bei Frequenzen > 4 Hz zu. Entsprechend der Windkanalversuche liegt das Maximum an der Position y = 450 mm bei einer Frequenz von 8 Hz um etwa 40 % über dem stationären Wert. An der Position y = 675 mm liegt das Maximum bei einer Frequenz von 12 Hz um etwa 250 % über dem stationären Wert. Sonst ist bei Frequenzen > 9 Hz an allen Positionen ein Abfallen der Übertragungsfunktion zu beobachten.

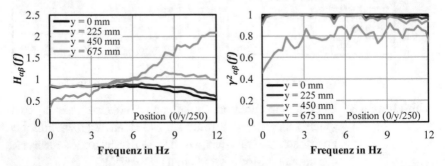

Abbildung 6.9: Übertragungsfunktion (links) und Kohärenz (rechts) zwischen Flügel- und Strömungswinkel an unterschiedlichen Positionen entlang der y-Achse in der leeren Messstrecke des digitalen Modellwindkanals (DMWK)

Entsprechende Untersuchungen wurden in der Simulationsumgebung ohne WindkanalInterferenzeffekte (DWT) durchgeführt. In Abbildung 6.10 ist die Übertragungsfunktion sowie die Kohärenz an den in Bezug auf das Windkanalkoordinatensystem entsprechenden Messstellen entlang der x-Achse dargestellt. Die Übertragungsfunktion wurde dabei zwischen dem am Einlass vorgegebenen Strömungswinkel und dem in der Simulationsumgebung resultierenden Strömungswinkel berechnet. Da die Effizienz des FKFS *swing*® Systems, also der stationäre Gradient zwischen Flügel- und Strömungswinkel nicht berücksichtigt wird, starten alle Kurven bei einem Wert von 1. Der resultierende Strömungswinkel entspricht dem Strömungswinkel am Einlass. Der vorgegebene Strömungswinkel breitet sich ohne jegliche zeitliche Verzögerung oder räumliche Anfachung oder Abschwächung aus. An jeder Position in der Simulationsumgebung des DWT ist ein entsprechendes Verhalten zu beobachten. Das erzeugte Strömungsfeld ist vollständig kohärent und erfüllt somit die in Kapitel 2.1.5 gestellten Anforderungen. Es kann durch einen einzigen Systemeingang abgebildet werden. Dies entspricht in guter Näherung einem unendlich ausgedehnten Strömungsfeld ohne äußere Einflüsse und ermöglicht deshalb die Untersuchung des aerodynamischen Übertragungsverhaltens eines Fahrzeugs.

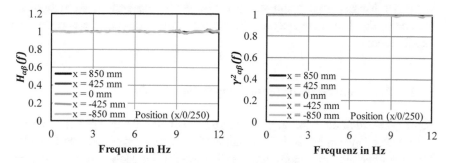

Abbildung 6.10: Übertragungsfunktion (links) und Kohärenz (rechts) zwischen dem vorgegebenen Strömungswinkel am Einlass und dem resultierenden Strömungswinkel an unterschiedlichen Positionen entlang der x-Achse im DWT

6.3 Untersuchungen zur Beeinflussung des Übertragungsverhaltens des Windkanalstrahls

Die Ergebnisse in Kapitel 6.1 haben gezeigt, dass das Übertragungsverhalten des Windkanalstrahls auf den Einfluss der in der Scherschicht auftretenden Wirbelstrukturen zurückzuführen ist. Um den Einfluss der im Windkanal vorhandenen geometrischen Randbedingungen auf das Übertragungsverhalten des Windkanalstrahls zu untersuchen, werden in diesem Abschnitt sowohl Windkanalversuche als auch CFD-Simulationen mit unterschiedlichen geometrischen Randbedingungen vorgestellt. Es soll dargestellt werden, ob durch veränderte Randbedingungen das Übertragungsverhalten des Windkanalstrahls beeinflusst werden kann. Dabei sollen unter anderem die für die in Kapitel 2.1.6 vorgestellten Resonanzphänomene (Raumresonanz, Rohrresonanz, Plenum-Helmholtz-Resonanz, Edgetone-Rückkopplung) relevanten geometrischen Randbedingungen des Windkanals verändert werden.

Zur Beurteilung der Maßnahmen wird die Übertragungsfunktion zwischen Flügelwinkel α und Strömungswinkel β an der Position x = −850 mm in der Mitte der Messstrecke herangezogen. Die Strömungsbedingungen und die Parameter der Frequenzanalyse entsprechen denen aus den beiden vorigen Abschnitten.

6.3.1   Experimentelle Untersuchungen im MWK

Zunächst werden die durchgeführten experimentellen Untersuchungen vorgestellt. Diese sind im Modellwindkanal einfach umzusetzen und erlauben eine Aussage über die Größenordnung des Einflusses der Maßnahme auf das resultierende Übertragungsverhalten des Windkanalstrahls. Dabei wurden vier Varianten untersucht:

- **Ohne Deltawings am Düsenaustritt:** Im Vergleich zum Referenzfall wurden die Turbulenzerzeuger (Deltawings) am Düsenaustritt entfernt.

- **Mit Staukörpern im Kollektor:** Im Vergleich zum Referenzfall wurden Staukörper im Kollektor eingebracht.

- **Nur vier innere Flügel:** Im Vergleich zum Referenzfall wurde der jeweils äußere Flügel entfernt.

- **Nur zwei innere Flügel:** Im Vergleich zum Referenzfall wurden jeweils die beiden äußeren Flügel entfernt.

Durch das Entfernen der Deltawings soll der Einfluss dieser Maßnahme auf die turbulenten Wirbelstrukturen in der Scherschicht und der daraus resultierende Einfluss auf das Übertragungsverhalten des Windkanalstrahls aufgezeigt werden. Ob ein veränderter axialer Druckgradient das Übertragungsverhalten des Windkanalstrahls beeinflusst, soll durch die Einbringung von Staukörpern im Kollektor untersucht werden. Aus vorangegangenen Untersuchungen ist bekannt, dass sich durch die Staukörper der Druckgradient längs der Messstrecke verändert und zu veränderten Kräften an einem Fahrzeug in longitudinaler Richtung führt [95]. Durch das sukzessive Entfernen der äußeren Flügel des FKFS *swing*® Systems soll aufgezeigt werden, inwieweit die äußeren Flügel mit der Scherschicht interagieren und das Übertragungsverhalten des Windkanalstrahls beeinflussen.

Zur Veranschaulichung sind in Abbildung 6.11 die zugehörigen CAD-Modelle dargestellt.

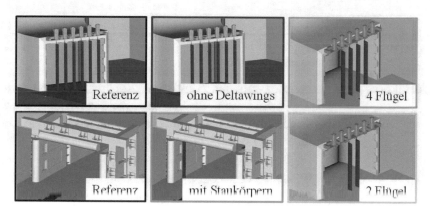

Abbildung 6.11: CAD Modelle der experimentell untersuchten Windkanal-konfigurationen

Die Ergebnisse der Übertragungsfunktion sowie der Kohärenz der untersuchten Varianten sind in Abbildung 6.12 dargestellt. Das Entfernen der Deltawings am Düsenaustritt sowie das Einbringen von Staukörpern im Kollektor haben keinen Einfluss auf das Übertragungsverhalten des Windkanalstrahls. Die Kurven der Übertragungsfunktion zwischen Flügelwinkel α und Strömungswinkel β sind in guter Übereinstimmung mit dem Referenzfall. Durch das sukzessive Entfernen der äußeren Flügel verringert sich die Effektivität der Strömungsauslenkung des FKFS *swing*® Systems, die Amplitude des Strömungswinkels verschiebt sich über den gesamten Frequenzbereich zu niedrigeren Werten. Der Kurvenverlauf sowie die relative Überhöhung im Vergleich zum Stationärwert sind jedoch sehr ähnlich. Die relative Überhöhung bei einer Frequenz von 6 Hz liegt bei der Variante mit vier Flügeln um etwa 45 % und bei der Variante mit zwei Flügeln um etwa 50 % über dem stationären Wert.

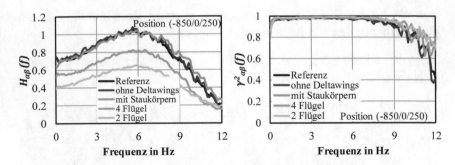

Abbildung 6.12: Übertragungsfunktion (links) und Kohärenz (rechts) zwischen Flügel- und Strömungswinkel unterschiedlicher Windkanalkonfigurationen an der Position x = −850 mm in der leeren Messstrecke des MWK

Die Ergebnisse der Windkanalversuche zeigen, dass die durch die Deltawings angestrebte Stabilisierung der Strahlränder, also die Beeinflussung der zweidimensionalen Wirbelstrukturen durch Überlagerung von drehenden Komponenten, keinen Einfluss auf das durch die Anfachung der Kelvin-Helmholtz-Instabilität verursachte Verhalten der Scherschichtwirbel hat. Des Weiteren kann das ermittelte dynamische Verhalten des Windkanalstrahls nicht durch den durch die Staukörper erzeugten Druckanstieg entlang der Längsachse des Windkanalstrahls beeinflusst werden. Außerdem zeigt sich, dass das auftretende Übertragungsverhalten nicht von einer Interaktion der äußeren Flügel mit der Scherschicht stammt.

6.3.2   Numerische Untersuchungen im DMWK

Die durchgeführten numerischen Untersuchungen erlauben eine Veränderung der geometrischen Randbedingungen, die im Experiment nicht oder nur mit sehr hohem Aufwand realisierbar sind. Die vier untersuchten Varianten sind:

- **Verkürzung der Messstrecke um −500 mm:** Im Vergleich zum Referenzfall wurde der Kollektor samt Diffusor um −500 mm in Richtung der Düse verschoben.

- **Verlängerung der Messstrecke um 500 mm:** Entsprechend der vorigen Konfiguration wurde der Kollektor und Diffusor im Vergleich zum Referenzfall um 500 mm stromabwärts verschoben.

- **Vergrößerung des Plenumsvolumens:** Im Vergleich zum Referenzfall wurde das Plenum über die Breite und Höhe so vergrößert, dass ein etwa doppelt so großes Plenumsvolumen resultiert.

- **Berandung der Messstrecke durch Slots:** Die seitlichen Ränder des Windkanalstrahls wurden durch Leitelemente, ähnlich einer geschlitzten Wand, dargestellt.

Durch das Verkürzen beziehungsweise Verlängern der Messstrecke soll der Einfluss der Messstreckenlänge auf das Übertragungsverhalten des Windkanalstrahls untersucht werden. Die theoretische Resonanzfrequenz der Edgetone-Rückkopplung verschiebt sich bei einer Strömungsgeschwindigkeit von $v_\infty = 35$ m/s durch das Verkürzen der Messstrecke von ursprünglich $f_L - 8.1$ Hz zu $f_L - 10.1$ Hz und durch das Verlängern der Messstrecke zu $f_L - 6.85$ Hz. Durch das große Plenumsvolumen soll der Einfluss einer veränderten Sekundärströmung im Plenum sowie der Einfluss der Raumresonanz und der Plenum-Helmholtz-Resonanz untersucht werden. Für das große Plenumsvolumen von $V_P = 512$ m^3 resultiert eine Plenum-Helmholtz-Resonanz von $f_{HR} = 1.9$ Hz (Referenz: $f_{HR} - 2.7$ Hz). Die kleinste Raumresonanz ergibt sich zu $f_n = 15$ Hz (Referenz: $f_n = 19.7$ Hz). Durch die Berandung der Messstrecke soll die Entstehung großskaliger Wirbelstrukturen in der Scherschicht unterbunden werden. Durch die Längsschlitze ist ein Druckausgleich mit der Umgebung möglich. Der feste Teil soll eine Vermischung des Strahls mit der ruhenden Luft verhindern. Für das Verhältnis von der offenen zur geschlossenen Fläche wurde ein Wert von 30 % gewählt. Dieser Wert wird in der Literatur als der übliche Flächenanteil von geschlitzten Messstrecken angegeben [26, 107]. Da in den Simulationen des DMWK die Luftrückführung nicht betrachtet wird, sondern nur der Bereich zwischen Düsenvorkammer und Diffusor simuliert wird, kann aufgrund der guten Übereinstimmung der Ergebnisse zwischen Experiment und Simulation ein Einfluss der Rohrresonanz f_R auf das Übertragungsverhalten des Windkanalstrahls ausgeschlossen werden.

Die CAD-Modelle der numerischen Untersuchungen sind in Abbildung 6.13 zu erkennen.

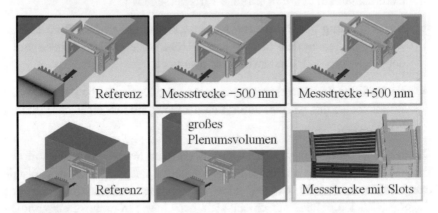

Abbildung 6.13: CAD-Modelle der numerisch untersuchten Windkanal-konfigurationen

Die Ergebnisse der Übertragungsfunktion sowie der Kohärenz der im DMWK untersuchten Varianten sind in Abbildung 6.14 dargestellt. Das Verlängern der Messstrecke hat keinen Einfluss auf das resultierende Übertragungsverhalten. Ein das Übertragungsverhalten des Windkanalstrahls beeinflussender Rückkopplungsmechanismus des Kollektors kann nicht identifiziert werden. Die Ergebnisse bei verkürzter Messstrecke führen an der betrachteten Position zwar zu einer Abnahme der resultierenden Amplituden des Strömungswinkels, dieser Einfluss ist jedoch auf die Richtwirkung des Kollektors auf die ausgelenkte Strömung in diesem Bereich zurückzuführen. Die relative Überhöhung gegenüber dem Stationärwert ist trotzdem vorhanden. Sie liegt bei einer Frequenz von 6 Hz um etwa 30 % über dem stationären Wert. Auch die durch das große Plenumsvolumen veränderten Raumresonanzen sowie die veränderte Plenum-Helmholtz-Resonanz haben keinen Einfluss auf das Übertragungsverhalten des Windkanalstrahls. Der Kurvenverlauf der Übertragungsfunktion liegt auch hier auf demselben absoluten Niveau wie der des Referenzfalls. Die Berandung der Messstrecke zeigt im betrachteten Frequenzbereich eine Abnahme der resultierenden Amplitude des Strömungswinkels. Das Maximum der Überhöhung liegt bei einer Frequenz von 6 Hz um etwa 30 % über dem stationären Wert. Durch diese Maßnahme kann das dynamische Verhalten des Windkanalstrahls zwar beeinflusst werden, eine vollständige Unterdrückung ist jedoch nicht möglich. Durch die Berandung der Messstrecke treten zusätzlich Interferenzen auf, die ein im Vergleich zum idealen Strömungsfeld verändertes Übertragungsverhalten verursachen. Bereits bei einer stationären Auslenkung der Strömung resultiert aufgrund der Gleichrichtung der Strömung im Bereich der Wände eine Abnahme des Strömungswinkels über die Länge der Messstecke. Beim Vorhandensein eines Fahrzeugkörpers in einer berandeten Messstrecke ist außerdem mit Blockierungseffekten zu rechnen, welche die Drücke am Fahrzeug zusätzlich verfälschen. In einer Umströmung mit festen Wänden oder zum Teil festen Wänden werden durch die Verdrängungswirkung des Fahrzeugs zusätzliche inhärente Strömungsgradienten in Längsrichtung an den Wänden der Messstrecke erzeugt. Diese treten in einer unendlich ausgedehnten Strömung nicht auf – es sei denn, die Messstrecke ist ausreichend groß dimensioniert, was in der Regel jedoch nicht der Fall ist.

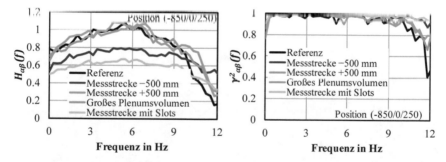

Abbildung 6.14: Übertragungsfunktion (links) und Kohärenz (rechts) zwischen Flügel- und Strömungswinkel unterschiedlicher Windkanalkonfigurationen an der Position x = −850 mm in der leeren Messstrecke des DMWK

Inwieweit solche Effekte die Ergebnisse von Mullarkey [6] und Passmore [7] beeinflussen, die beide Untersuchungen mit einem ähnlichen System in einer geschlossenen Messstrecke durchgeführt haben, ist unklar. Das Blockierungsverhältnis zwischen dem Querschnitt der Messstrecke und dem Modell beträgt bei Mullarkey und Passmore 1.1 % bzw. 2.3 %. Für das 25 % Driv-

Aer Modell resultiert im MWK ein Blockierungsverhältnis zwischen Düsenfläche und Fahrzeugstirnfläche von 8 %. In Fahrzeugwindkanälen mit offener Messstrecke ist ein Blockierungsverhältnis in der Größenordnung von um die 10 % üblich.

Die Ergebnisse der DMWK-Simulationen zeigen, dass das Übertragungsverhalten des Windkanalstrahls nicht durch eines der in einem Windkanal mit offener Messstrecke und geschlossener Luftrückführung bekannten Resonanzphänomene beeinflusst wird. Das Übertragungsverhalten des Windkanalstrahls ist demnach ausschließlich auf den Einfluss der in der Scherschicht auftretenden Wirbelstrukturen zurückzuführen. Diese können zwar durch eine geometrische Berandung, beziehungsweise lokale Veränderung im Bereich der Scherschicht beeinflusst werden. Eine vollständige Unterdrückung ist mit den hier betrachteten Windkanalkonfigurationen jedoch nicht möglich.

7 Untersuchungen am DrivAer Stufenheckmodell in unterschiedlichen Versuchsumgebungen

Im Folgenden werden die experimentellen und numerischen Untersuchungen am DrivAer Stufenheckmodell vorgestellt. Der Fokus liegt dabei auf den in den vorgestellten Versuchsumgebungen des MWK, DMWK und DWT resultierenden aerodynamischen Fahrzeugeigenshcaften unter Seitenwindanregung. Zunächst werden die Seitenkraft und das Giermoment unter stationären Anströmbedingungen bestimmt, anschließend wird auf das instationäre Verhalten unter Seitenwindanregung eingegangen. In einem nächsten Schritt wird in der numerischen Versuchsumgebung des DMWK und DWT die Übertragbarkeit der instationären aerodynamischen Fahrzeugeigenschaften zwischen dem 1:4 (25 %) und 1:5 (20 %) Modellmaßstab untersucht. Abschließend werden aerodynamische Maßnahmen zur Beeinflussung der Fahrzeugreaktion sowie deren Verhalten in den betrachteten Versuchsumgebungen vorgestellt.

Die Windkanalversuche (MWK) sowie die CFD-Simulationen (DMWK, DWT) wurden bei einer Anströmgeschwindigkeit von $v_\infty = 35$ m/s durchgeführt. Daraus resultiert für das 25 % DrivAer Stufenheckmodell eine Reynoldszahl von $Re = 2.69 \cdot 10^6$. Wie in den vorangegangenen Untersuchungen wird die Grenzschichtkonditionierung und Bodensimulation nicht berücksichtigt. Zur Bestimmung des Anströmwinkels und des Messpunkts der die komplette Information der Anströmung enthält, war auch hier die Cobra-Sonde bei allen Messungen unter instationären Anströmbedingungen an einer Position x = 850 mm vor der Mitte der Messstrecke und z = 750 mm über dem Boden platziert.

Bei allen Untersuchungen wurde eine Fensterlänge von $T_f = 4$ s gewählt. Daraus ergibt sich eine Frequenzauflösung von $\Delta f = 0.25$ Hz. Alle weiteren Parameter der Frequenzanalyse entsprechen denen der Auswertung aus den beiden vorangegangenen Kapiteln. Die experimentellen Ergebnisse der stationären Gierwinkelreihe wurden für jeden Anstellwinkel über eine Messzeit

© Springer Fachmedien Wiesbaden GmbH, ein Teil von Springer Nature 2018
D. Stoll, *Ein Beitrag zur Untersuchung der aerodynamischen Eigenschaften von Fahrzeugen unter böigem Seitenwind*, Wissenschaftliche Reihe Fahrzeugtechnik Universität Stuttgart, https://doi.org/10.1007/978-3-658-21545-3_7

von 30 s gemittelt. Die entsprechenden CFD-Simulationen im DMWK und DWT wurden über eine Simulationszeit von 1.5 s gemittelt. Die experimentellen Ergebnisse unter instationären Anströmbedingungen wurden über eine Messzeit von 32 s aufgezeichnet. Die entsprechenden CFD-Simulationen wurden über 16 s simuliert. Um das anfängliche Einschwingen auf einen physikalisch korrekten Zustand zu verkürzen, wurden alle CFD-Simulationen mit einem ähnlichen Strömungsfeld aus einer vorigen Simulation als Ausgangszustand initialisiert (sogenanntes „Seeding"). Zusätzlich wurde ein 0.5 s Zeitintervall vor der Strömungsauslenkung hinzugefügt, um anfängliche transiente Effekte zu reduzieren.

7.1   Ergebnisse unter stationären Anströmbedingungen

Aufgrund der Verfügbarkeit des 25 % DrivAer Hardware-Modells sowie des zu erwartenden größeren instationären Giermoments am Stufenheckmodell, wird im Folgenden das 25 % DrivAer Stufenheckmodell näher betrachtet.

Die Ergebnisse der stationären Gierwinkelreihe sind in Abbildung 7.1 dargestellt. Für alle Versuchsumgebungen ist im betrachteten Anströmwinkelbereich von $\beta = \pm 10°$ ein linearer Anstieg der Seitenkraft sowie des Giermoments zu beobachten. Die Abweichung der Seitenkraft zwischen Experiment und Simulation ist für alle Anströmwinkel kleiner $\Delta c_S < 0.02$. Für das Giermoment liegt die maximale Abweichung bei einem Anströmwinkel von $\beta = -10°$ bei $\Delta c_{SN} = 0.012$.

Der aus der Steigung der Geraden berechnete stationäre Gradient der Seitenkraft und des Giermoments ist in Abbildung 7.2 abgebildet. Sowohl im Experiment als auch in der DMWK-Simulation wird ein stationärer Gradient der Seitenkraft von $dc_s/d_\beta = 0.036/°$ und für das Giermoment von $dc_N/d_\beta = 0.008/°$ bestimmt. In der DWT-Simulation sind die Kräfte geringfügig größer, der stationäre Gradient der Seitenkraft ist $dc_s/d_\beta = 0.038/°$, der des Giermoments ist $dc_N/d_\beta = 0.009/°$. Trotz der geringen Abweichung der aerodynamischen Fahrzeugeigenschaften unter stationären Anströmbedingungen, ist eine gute Übereinstimmung zwischen den einzelnen Versuchsumgebungen zu beobachten. Die Abweichung der stationären Gradienten ist dabei $\Delta\,dc/d\beta \leq 0.002/°$.

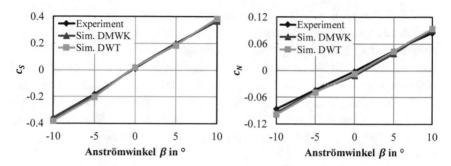

Abbildung 7.1: Ergebnis der stationären Gierwinkelreihe in den betrachteten Versuchsumgebungen für das 25 % DrivAer Stufenheckmodell (links: Seitenkraftbeiwert, rechts: Giermomentbeiwert)

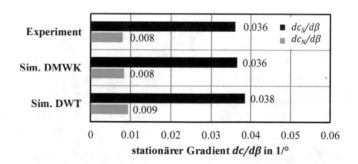

Abbildung 7.2: Stationäre Gradienten der Seitenkraft und des Giermoments für das 25 % DrivAer Stufenheckmodell in den einzelnen Versuchsumgebungen

7.2 Ergebnisse unter instationären Anströmbedingungen

Im Folgenden wird auf die instationäre Fahrzeugreaktion in den betrachteten Versuchsumgebungen eingegangen. Die Beschreibung der instationären aerodynamischen Fahrzeugeigenschaften erfolgt mit den in Kapitel 2.1.5 eingeführten Größen Kohärenz und Übertragungsfunktion. Die Admittanz wird nicht dargestellt. Die Ergebnisse werden über der nach Gleichung 2.18 definierten Strouhalzahl aufgetragen. Bezogen auf den Radstand des 25 % DrivAer Stufenheckmodells von l_0 = 696.5 mm, entspricht eine Strouhalzahl von Sr = 0.12 bei einer Anströmgeschwindigkeit von v_∞ = 35 m/s einer Frequenz von f = 6 Hz.

In Abbildung 7.3 ist die Kohärenz zwischen Windanregung und Seitenkraft beziehungsweise Giermoment für das 25 % DrivAer Stufenheckmodell dargestellt.

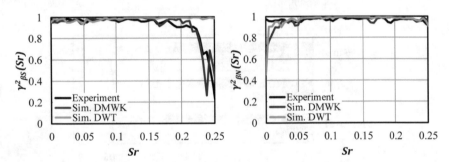

Abbildung 7.3: Kohärenz zwischen Windanregung und resultierender Seitenkraft (links) beziehungsweise Giermoment (rechts) für das 25 % DrivAer Stufenheckmodell in den einzelnen Versuchsumgebungen

Die Kohärenz der Seitenkraft erreicht in allen Versuchsumgebungen sehr hohe Werte bis zu einer Strouhalzahl von Sr = 0.2. Oberhalb Sr = 0.2 fällt die Kohärenz der Seitenkraft im Experiment und in der DMWK-Simulation ab. Dies ist zum einen in der Abnahme der Amplitude der instationären Seitenkraft und dem daraus resultierenden Signal-Rausch-Verhältnis zu begründen. Außerdem ist von einer durch das Übertragungsverhalten des Windkanalstrahls verursachten zusätzlichen und nicht mit der Windanregung korrelierten Störgröße auszugehen. In der DWT-Simulation, also in der Versuchsumgebung ohne Übertragungsverhalten des Windkanalstrahls, ist dieser Abfall nicht zu beobachten. Die Kohärenz des Giermoments nimmt im Strouhalzahlbereich $0.02 < Sr < 0.25$ in allen Versuchsumgebungen sehr hohe Werte an. Für die DMWK- und DWT-Simulation ist ein Abfallen im Bereich $Sr < 0.02$ zu beobachten. Die Abweichungen der Kohärenz in diesem Strouhalzahlbereich sind zum einen auf die begrenzte Signallänge in den Simulationen zurückzuführen. Außerdem treten hier mit der Windanregung nicht korrelierte Kräfte am Fahrzeugmodell auf, die von einer Strömungsablösung am Heck des Fahrzeugs hervorgerufen werden. Die Bestimmung der Fahrzeugreaktion ist in den CFD-Simulationen im Strouhalzahlbereich $Sr < 0.02$ mit Unsicherheiten behaftet.

Aufgrund der niedrigen Kohärenz des Giermoments unterhalb $Sr = 0.02$ zeigen die in Abbildung 7.4 dargestellten Übertragungsfunktionen der CFD-Simulationen in diesem Bereich Abweichungen gegenüber dem Experiment. Die im Experiment bestimmte Übertragungsfunktion der Seitenkraft und des Giermoments strebt wie zu erwarten für kleine Strouhalzahlen gegen den Wert des stationären Gradienten. Oberhalb $Sr = 0.02$ sind die Kurvenverläufe der DMWK-Simulation in guter Übereinstimmung mit dem Experiment. Das Maximum der instationären Seitenkraft liegt bei einer Strouhalzahl von $Sr = 0.16$ um etwa 5 % über dem stationären Wert und fällt mit zunehmender Strouhalzahl zu geringeren Werten ab. Das instationäre Giermoment zeigt eine ausgeprägte Überhöhung und liegt bei einer Strouhalzahl von $Sr = 0.16$ etwa 60 % über dem stationären Wert. Die Übertragungsfunktion der Seitenkraft und des Giermoments der DWT-Simulation zeigt ein anderes Übertragungsverhalten. Im Strouhalzahlbereich $Sr < 0.02$ zeigt die DWT-Simulation ähnliche Kräfte wie die DMWK-Simulation. Im Strouhalzahlbereich $0.02 < Sr < 0.2$ kann jedoch keine Überhöhung der instationären Seitenkraft festgestellt werden. Hinsichtlich der Übertragungsfunktion des Giermoments ist festzustellen, dass das Fahrzeug in der DWT-Simulation eine deutlich ausgeprägte Überhöhung im Kurvenverlauf erfährt. Das Maximum liegt im Strouhalzahlbereich $0.05 < Sr < 0.1$ um etwa 70 % über dem stationären Wert. Diese Überhöhung des Giermoments ist als kritisch zu bewerten, da sie in einem für die Fahrdynamik relevanten Frequenzbereich auftritt. Eine

Strouhalzahl von $Sr = 0.05$ entspricht bei einer Geschwindigkeit von $v_\infty =$ 160 km/h für ein 1:1 Fahrzeug mit einem Radstand von $l_0 = 3$ m einer Frequenz von 0.75 Hz. Das Maximum der Überhöhung im Experiment und der DMWK-Simulation bei $Sr = 0.16$ entspricht für ein 1:1 Fahrzeug einer Frequenz von 2.4 Hz. Wie bereits erwähnt, ist aus Straßenmessungen bekannt, dass der Fahrer bei Frequenzen zwischen 0.5 und 2 Hz die Fahrzeugreaktion aufgrund seines Lenkeingriffs verstärkt [2, 3]. Oberhalb einer Frequenz von 2 Hz nimmt der Fahrer die Fahrzeugreaktion nicht mehr wahr. Damit werden in einer Versuchsumgebung mit Übertragungsverhalten des Windkanalstrahls die am Fahrzeug wirkenden Kräfte und Momente in einem Frequenzbereich unterschätzt, der für die Regeltätigkeit des Fahrers relevant ist und damit sein Komfort- und Sicherheitsempfinden beeinflusst.

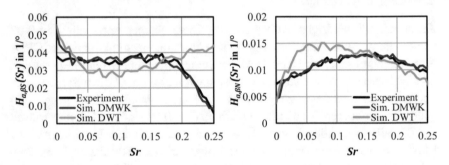

Abbildung 7.4: Übertragungsfunktion der Seitenkraft (links) und des Giermoments (rechts) für das 25 % DrivAer Stufenheckmodell in den einzelnen Versuchsumgebungen

Die Gründe für das unterschiedliche Verhalten des Giermoments werden anhand der in Abbildung 7.5 aufgetragenen Übertragungsfunktionen der vorderen und hinteren Seitenkraft sowie der Phasenbeziehung zwischen den Seitenkräften deutlich.

Zunächst ist auch hier eine gute Übereinstimmung zwischen dem Experiment und der DMWK-Simulation festzustellen. Der wesentliche Anteil des Giermoments ist wie bei den SAE Modellen auf die deutlich größere vordere Seitenkraft zurückzuführen. Das Maximum der Überhöhung der vorderen Seitenkraft tritt bei einer Strouhalzahl von etwa $Sr = 0.16$ auf. Abweichungen sind bei der hinteren Seitenkraft im Bereich $Sr < 0.02$ zu beobachten. Dies deutet auf die bereits erwähnte instationäre Ablösung am Heck des Fahrzeugs in den CFD-Simulationen hin. Diese nicht mit der Windanregung korrelierten Kräfte verursachen eine Störung des Systems und resultieren in niedrigen Werten der Kohärenz. Solche Kräfte können zu einer zusätzlichen Anregung des Fahrzeugs führen, die vom Fahrer als besonders komfortmindernd wahrgenommen wird. Durch Ablösung verursachte instationäre Kräfte sollten deshalb generell vermieden werden. In Kapitel 7.4 wird eine aerodynamische Maßnahme aufgezeigt, mit der die Entstehung solcher Kräfte unterbunden wird.

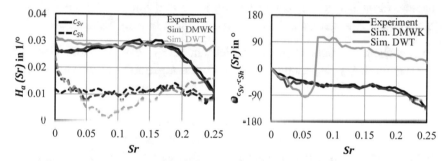

Abbildung 7.5: Übertragungsfunktion der vorderen und hinteren Seitenkraft (links) und Phasenbeziehung zwischen vorderer und hinterer Seitenkraft (rechts) für das 25 % DrivAer Stufenheckmodell in den einzelnen Versuchsumgebungen

Die DWT-Simulation zeigt ein ähnliches Verhalten der hinteren Seitenkraft im Bereich $Sr < 0.02$. Außerdem ist die vordere Seitenkraft größer als im Experiment und der DMWK-Simulation. Eine Überhöhung sowie ein Abfallen der Amplitude der vorderen Seitenkraft bei zunehmender Strouhalzahl kann nicht festgestellt werden. Oberhalb $Sr = 0.02$ fällt die Amplitude der hinteren Seitenkraft zunächst ab und steigt dann ab $Sr = 0.08$ wieder an. Anhand der Phasenbeziehung zwischen vorderer und hinterer Seitenkraft wird ersichtlich, dass die Änderung der Wirkrichtung der hinteren Seitenkraft mit einem 180° Phasenversatz einhergeht. Im Bereich unterhalb $Sr < 0.05$ sind die erzeugten Wellenlängen des Strömungsfelds so groß, das die daraus resultierende vordere und hintere Seitenkraft am Fahrzeug die gleiche Wirkrichtung besitzen.

Im Bereich $0.05 < Sr < 0.08$ werden die Wellenlängen kleiner und führen zu einer Änderung der Wirkrichtung der hinteren Seitenkraft. Der stärkere Gradient der Phase bis $Sr = 0.05$ führt zunächst, trotz der geringeren Amplitude der hinteren Seitenkraft, zu einer Überhöhung des instationären Giermoments in diesem Bereich. Oberhalb $Sr = 0.08$ führt die hintere Seitenkraft aufgrund der steigenden Amplitude sowie des geringeren Phasengradienten zu einer Reduktion des instationären Giermoments. Dieser Zusammenhang führt zu der in der Versuchsumgebung des DWT deutlich stärker ausgeprägten Überhöhung in der Übertragungsfunktion des Giermoments. In der Versuchsumgebung des MWK und DMWK ist ein anderes Verhalten zu beobachten, die zeitliche Beziehung der vorderen und hinteren Seitenkraft wird hier von der Anregung des dynamischen Strahlverhaltens dominiert.

Entsprechende Untersuchungen wurden am 25 % DrivAer Vollheckmodell durchgeführt. Da die grundlegenden Beobachtungen mit den am Stufenheckmodell durchgeführten Untersuchungen übereinstimmen, sollen diese hier nicht nochmals erläutert werden. Die Ergebnisse für das Vollheckmodell befinden sich in Kapitel A.4 im Anhang. Das instationäre Giermoment in der DWT-Simulation zeigt auch hier eine Überhöhung im Strouhalzahlbereich $0.05 < Sr < 0.1$, diese liegt um etwa 60 % über dem Stationärwert ($dc_N/d_\beta = 0.007$). Das instationäre Giermoment des Vollheckmodells ist im Vergleich zum Stufenheckmodell jedoch um 20 %, beziehungsweise um $0.003/°$ geringer.

Die Ergebnisse in diesem Abschnitt zeigen, dass das Übertragungsverhalten des Windkanalstrahls zu einer Fahrzeugreaktion führt, die sich von der in einem Freifeld zu erwartenden unterscheidet. Es wird deutlich, dass der Einfluss des Übertragungsverhaltens des Windkanalstrahls sowohl die Amplituden als auch den zeitlichen Bezug der Seitenkräfte unter Windanregung grundlegend beeinflusst.

7.3   Übertragbarkeit zwischen dem 20 % und 25 % Modellmaßstab

Im Folgenden Abschnitt soll, entsprechend der experimentellen Untersuchungen an den SAE Modellen, die Übertragbarkeit der instationären aerodynamischen Fahrzeugeigenschaften zwischen dem 1:4 (25 %) und 1:5 (20 %) Modellmaßstab am DrivAer Stufenheckmodell untersucht werden. Es soll aufgezeigt werden, ob durch die Einhaltung der Strouhalzahl, abhängig von der gewählten Versuchsumgebung, die Übertragbarkeit zwischen den Modellmaßstäben gewährleistet ist. Da nur ein 25 % Hardware-Modell zur Verfügung stand, wurden ausschließlich CFD-Simulationen durchgeführt. Bei einer Anströmgeschwindigkeit von $v_\infty = 35$ m/s resultiert für das digitale 20 % DrivAer Stufenheckmodell eine Reynoldszahl von $Re = 2.15 \cdot 10^6$.

In Abbildung 7.6 ist die durch die DMWK-Simulation ermittelte Kohärenz zwischen Windanregung und resultierender Seitenkraft beziehungsweise Giermoment für das 25 % und 20 % DrivAer Stufenheckmodell dargestellt.

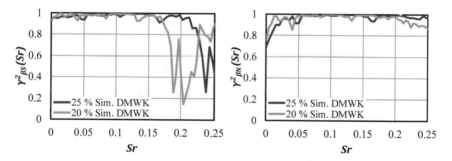

Abbildung 7.6: Kohärenz zwischen Windanregung und resultierender Seitenkraft (links) beziehungsweise Giermoment (rechts) für das 25 % und 20 % DrivAer Stufenheckmodell im DMWK

Über den betrachteten Strouhalzahlbereich nimmt die Kohärenz der Seitenkraft und des Giermoments beider Modelle sehr hohe Werte an. Ab einer Strouhalzahl von $Sr = 0.15$ ist ein Abfallen der Kohärenz der Seitenkraft zu beobachten. Dieses fällt für das 20 % Modell stärker aus als für das entsprechende 25 % Modell. Im Bereich $Sr < 0.05$ zeigen sich für das 25 % Modell noch geringere Werte der Kohärenz des Giermoments als für das 20 % Modell.

Die in Abbildung 7.7 dargestellte Übertragungsfunktion der Seitenkraft und des Giermoments zeigt ein ähnliches Verhalten wie die zuvor vorgestellten experimentellen Ergebnisse der SAE Modelle. Die auftretende Überhöhung der Seitenkraft und des Giermoments verschiebt sich beim kleineren Modellmaßstab zu einer kleineren Strouhalzahl. Außerdem zeigt das Giermoment des größeren Modellmaßstabs eine stärkere Überhöhung gegenüber dem stationären Wert. Das Maximum des Giermoments verschiebt sich von $Sr = 0.16$ zu $Sr = 0.1$, und liegt anstatt 60 % nur noch 50 % über dem stationären Wert.

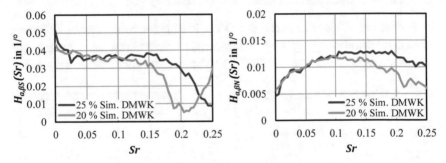

Abbildung 7.7: Übertragungsfunktion der Seitenkraft (links) und des Giermoments (rechts) für das 25 % und 20 % DrivAer Stufenheckmodell im DMWK

Das beobachtete Verhalten spiegelt sich auch in der in Abbildung 7.8 dargestellten Übertragungsfunktion zwischen Windanregung und vorderer beziehungsweise hinterer Seitenkraft wieder. Die auftretende Überhöhung der vorderen sowie hinteren Seitenkraft verschiebt sich beim kleineren Modellmaßstab zu einer kleineren Strouhalzahl. Trotz der größeren Amplitude der hinteren Seitenkraft des 25 % Modells im Vergleich zum 20 % Modell, kommt es aufgrund des größeren Phasenversatzes oberhalb $Sr = 0.1$, zu einer Abnahme des Beitrags der hinteren Seitenkraft zur Reduzierung des Giermoments.

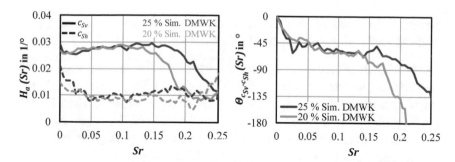

Abbildung 7.8: Übertragungsfunktion der vorderen und hinteren Seitenkraft (links) und Phasenbeziehung zwischen vorderer und hinterer Seitenkraft (rechts) für das 25 % und 20 % DrivAer Stufenheckmodell im DMWK

In Abbildung 7.9 ist die durch die DWT-Simulation ermittelte Kohärenz zwischen Windanregung und Seitenkraft beziehungsweise Giermoment für das 25 % und 20 % DrivAer Stufenheckmodell dargestellt.

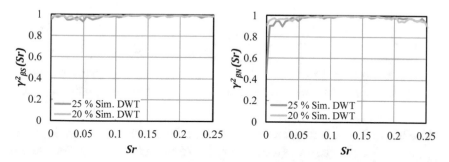

Abbildung 7.9: Kohärenz zwischen Windanregung und resultierender Seitenkraft (links) beziehungsweise Giermoment (rechts) für das 25 % und 20 % DrivAer Stufenheckmodell in der Simulationsumgebung ohne Interferenzeffekte (DWT)

Im betrachteten Strouhalzahlbereich nimmt die Kohärenz der Modelle sowohl für die Seitenkraft als auch für das Giermoment sehr hohe Werte an. Ein Abfallen der Kohärenz oberhalb $Sr = 0.15$ ist nicht zu beobachten. Der

Einbruch der Kohärenz des Giermoments im Bereich $Sr < 0.02$ fällt für das 20 % Modell geringer aus als für das 25 % Modell.

Die in Abbildung 7.10 dargestellten Ergebnisse der Übertragungsfunktion für die beiden Fahrzeugmodelle in der Versuchsumgebung ohne Windkanal-Interferenzeffekte zeigen, dass die Kurven einen quasi identischen Verlauf im Strouhalzahlbereich $0.01 < Sr < 0.25$ aufweisen. Im Strouhalzahlbereich $0.01 < Sr < 0.2$ ist auch beim 20 % Modell keine Überhöhung der Seitenkraft festzustellen. Auch die Überhöhung des Giermoments im Strouhalzahlbereich $0.05 < Sr < 0.1$ liegt beim 20 % Modell um etwa 70 % über dem stationären Wert. Im Bereich $Sr < 0.01$ sind geringe Abweichungen festzustellen, diese sind auf die Unterschiede der Kohärenz in diesem Bereich zurückzuführen. Die Werte des 20 % Modells liegen aufgrund der höheren Kohärenz näher am unter stationären Bedingungen ermittelten Wert des stationären Gradienten der Seitenkraft sowie des Giermoments.

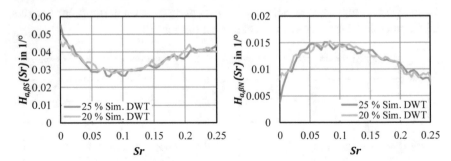

Abbildung 7.10: Übertragungsfunktion der Seitenkraft (links) und des Giermoments (rechts) für das 25 % und 20 % DrivAer Stufenheckmodell im DWT

Eine gute Übereinstimmung zwischen den beiden Modellmaßstäben ist auch in der in Abbildung 7.11 dargestellten Übertragungsfunktion zwischen Windanregung und vorderer beziehungsweise hinterer Seitenkraft zu erkennen. Die zuvor beobachteten Abweichungen im Bereich $Sr < 0.01$ sind auf die Amplitude der hinteren Seitenkraft zurückzuführen. Das 20 % Modell zeigt hier niedrigere Kräfte als das 25 % Modell. Dies führt zu der Abnahme der resultierenden Seitenkraft und der Zunahme des Giermoments in diesem Bereich.

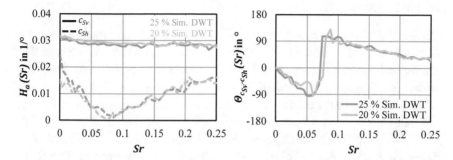

Abbildung 7.11: Übertragungsfunktion der vorderen und hinteren Seiten-kraft (links) und Phasenbeziehung zwischen vorderer und hinterer Seitenkraft (rechts) für das 25 % und 20 % DrivAer Stufenheckmodell im DWT

Die Ergebnisse in diesem Abschnitt zeigen, dass in einer Versuchsumgebung ohne äußere Einflüsse die Strouhalzahl zur dimensionslosen Beschreibung zeitabhängiger Ereignisse herangezogen werden kann. Durch Einhaltung der Strouhalzahl können instationäre Strömungsphänomene zwischen unter-schiedlichen Modellmaßstäben übertragen werden. Die Versuchsumgebung mit Übertragungsverhalten des Windkanalstrahls führt zu einer Verfälschung der Ergebnisse.

7.4 Beeinflussung der Fahrzeugreaktion durch aerodynamische Maßnahmen

Ob unter dem Einfluss des Übertragungsverhaltens des Windkanalstrahls aerodynamische Maßnahmen, die die Fahrzeugeigenschaften günstig beein-flussen – also insbesondere das Giermoment reduzieren – abgeleitet werden können, soll im Folgenden untersucht werden. Dazu werden aerodynamische Maßnahmen zur gezielten Beeinflussung der aerodynamischen Fahrzeugeigenschaften am 25 % DrivAer Stufenheckmodell vorgestellt. Das Verhalten dieser Maßnahmen in den einzelnen Versuchsumgebungen wird systematisch untersucht.

Die erste Maßnahme besteht aus am Heck des Fahrzeugs angebrachten Abrisskanten, die über eine Höhe von 140 mm und eine Breite von 8 mm über die Seitenflächen hinausragen. Die zweite Maßnahme besteht aus am Unterboden im Bereich der Vorderräder angebrachten Radspoilern. Diese sind 45 mm breit und 10 mm hoch. Die Angabe der Abmessungen bezieht sich auf den Maßstab 1:4. Die aerodynamischen Maßnahmen sind in Abbildung 7.12 dargestellt. Aus vorangegangenen Untersuchungen ist bekannt, dass durch diese Maßnahmen bei experimentellen Untersuchungen im MWK das instationäre Giermoment im für die Fahrdynamik relevanten Frequenzbereich verändert werden kann [104].

Abbildung 7.12: Aerodynamische Modifikationen am DrivAer Stufenheckmodell: Ausgangsmodell (links), Abrisskanten (Mitte),
Radspoiler (rechts)

7.4.1   Untersuchungen im MWK und DWT

Im Folgenden wird auf die experimentellen Ergebnisse im MWK sowie die numerischen Ergebnisse im DMWK eingegangen. Dazu wird das aus den vorangegangenen Betrachtungen bekannte Übertragungsverhalten des 25 % DrivAer Stufenheckmodells mit demjenigen der aerodynamischen Modifikationen verglichen. Es soll aufgezeigt werden, wie das Verhalten der aerodynamischen Modifikationen im Vergleich zum Ausgangsmodell ausfällt. Außerdem sollen die Abweichungen der DMWK-Simulation gegenüber dem Experiment dargestellt werden.

In Abbildung 7.13 sind die Ergebnisse der Kohärenz zwischen Windanregung und Seitenkraft beziehungsweise Giermoment für die einzelnen Fahrzeugkonfigurationen dargestellt. Im Experiment sind sehr hohe Werte der Kohärenz für die untersuchten Modifikationen zu beobachten. Auch das Abfallen der Kohärenz der Seitenkraft oberhalb $Sr = 0.02$ fällt für die beiden Modifikationen ähnlich aus wie für das Ausgangsmodell.

Auch die dargestellte Kohärenz der beiden Modifikationen in der Simulationsumgebung des DMWK zeigt hohe Werte über dem untersuchten Strouhalzahlbereich. Das Abfallen der Kohärenz der Seitenkraft oberhalb $Sr = 0.2$ fällt für alle Konfigurationen ähnlich stark aus. Durch das Anbringen der Abrisskanten werden, im Vergleich zum Ausgangsmodell und dem Modell mit Radspoilern, Werte > 0.9 der Kohärenz des Giermoments im Bereich $Sr < 0.02$ erreicht.

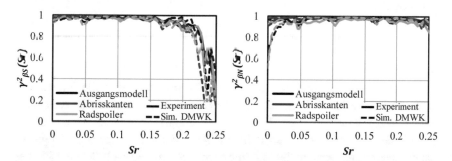

Abbildung 7.13: Kohärenz zwischen Windanregung und resultierender Seitenkraft (links) beziehungsweise Giermoment (rechts) für das 25 % DrivAer Stufenheckmodell und seine Varianten im MWK und DMWK

Anhand der in Abbildung 7.14 dargestellten Übertragungsfunktionen von Seitenkraft und Giermoment werden die Auswirkungen der aerodynamischen Modifikationen im Vergleich zum Ausgangsmodell deutlich. Im Experiment zeigen die Abrisskanten keine Veränderung des stationären Gradienten der Seitenkraft. Bei einer Strouhalzahl von $Sr = 0.07$ ist die instationäre Seitenkraft um etwa 10 % größer als die des Ausgangsmodells. Oberhalb $Sr = 0.1$ können nur geringe Abweichungen der Übertragungsfunktion der Seitenkraft

im Vergleich zum Ausgangsmodell festgestellt werden. Die Übertragungsfunktion des Giermoments hingegen zeigt ein um etwa 10 % reduziertes
Giermoment im quasi-stationären Bereich unterhalb $Sr = 0.02$. Im Strouhalzahlbereich $0.05 < Sr < 0.2$ ist dann ein ausgeprägter Anstieg des instationären Giermoments zu beobachten. Bei einer Strouhalzahl von $Sr = 0.16$ liegt
das Giermoment um etwa 12 % über dem des Ausgangsmodells.

Im Experiment zeigen die Radspoiler im Strouhalzahlbereich unterhalb $Sr =
0.02$ eine um etwa 10 % niedrigere Seitenkraft. Oberhalb $Sr = 0.1$ können
nur geringe Abweichungen der Übertragungsfunktion der Seitenkraft im Vergleich zum Ausgangsmodell festgestellt werden. Die Übertragungsfunktion
des Giermoments zeigt ein um etwa 10 % reduziertes Giermoment im quasi-
stationären Bereich unterhalb $Sr = 0.02$. Im Strouhalzahlbereich $0.05 < Sr <
0.2$ liegt das instationäre Giermoment um etwa 10 % unter dem des Aus-
gangsmodells.

Die Ergebnisse der Übertragungsfunktion der Seitenkraft und des Giermoments der DMWK-Simulation zeigen aufgrund der niedrigen Werte der
Kohärenz des Giermoments unterhalb $Sr = 0.02$ Abweichungen gegenüber
den experimentellen Ergebnissen. Oberhalb $Sr = 0.02$ sind die Kurvenverläufe der beiden Modifikationen in guter Übereinstimmung zu den entsprechenden Windkanalversuchen. Bei einer Strouhalzahl von $Sr = 0.07$ ist die
instationäre Seitenkraft des Modells mit Abrisskanten um etwa 10 % größer
als die des Ausgangsmodells. Für eine Strouhalzahl oberhalb $Sr = 0.1$ können
nur geringe Abweichungen der instationären Seitenkraft der beiden Modifikationen im Vergleich zum Ausgangsmodell festgestellt werden. Das Modell mit Abrisskanten zeigt im Strouhalzahlbereich $0.05 < Sr < 0.2$ einen
ähnlich starken Anstieg des Giermoments. Bei einer Strouhalzahl von $Sr =
0.16$ liegt das Giermoment um etwa 14 % über dem des Ausgangsmodells.
Für das Modell mit Radspoilern liegt die Übertragungsfunktion des Giermoments im Strouhalzahlbereich $0.05 < Sr < 0.2$ um etwa 8 % unter dem des
Ausgangsmodells.

Bei einer rein quasi-stationären Betrachtung würden beide Modifikationen
aufgrund der identischen stationären Gradienten des Giermoments als eine
gleich gute Verbesserung bewertet werden. Das instationäre Verhalten im relevanten Frequenzbereich zeigt jedoch ein anderes Verhalten. Während die

Modifikation mit Radspoilern eine Reduktion des Giermoments im gesamten betrachteten Strouhalzahlbereich aufweist, zeigen die Abrisskanten einen deutlichen Anstieg des Giermoments in einem für die Fahrdynamik relevanten Frequenzbereich.

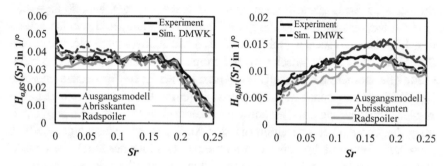

Abbildung 7.14: Übertragungsfunktion der Seitenkraft (links) und des Giermoments (rechts) für das 25 % DrivAer Stufenheckmodell und seine Varianten im MWK und DMWK

Mit der in Abbildung 7.15 dargestellten Übertragungsfunktion zwischen Windanregung und vorderer beziehungsweise hinterer Seitenkraft sowie der Phasenbeziehung zwischen den Seitenkräften werden die Gründe für diese Änderungen deutlich.

Im Experiment ist das reduzierte Giermoment des Modells mit Abrisskanten im Strouhalzahlbereich $Sr < 0.05$ auf die Zunahme der hinteren Seitenkraft zurückzuführen. Die vordere Seitenkraft bleibt gegenüber dem Ausgangsmodell nahezu gleich. Oberhalb $Sr = 0.1$ resultiert der ausgeprägte Anstieg des Giermoments aus der Änderung der Phasenlage. Entgegen der Erwartung, dass durch die höhere Amplitude der hinteren Seitenkraft im Bereich $0.05 < Sr < 0.2$ eine Reduktion des Giermoments erreicht wird, kann aufgrund des größeren Phasenunterschieds das Giermoment nicht effektiv reduziert werden. Der Einfluss der Radspoiler ist auf die Reduktion der vorderen Seitenkraft über dem gesamten Strouhalzahlbereich zurückzuführen. Außerdem ist im Strouhalzahlbereich $0.1 < Sr < 0.2$ eine höhere hintere Seitenkraft bei, im Vergleich zum Ausgangmodell gleicher Phasenlage, zu beobachten.

Auch die Ergebnisse der DMWK-Simulationen der Übertragungsfunktion zwischen vorderer und hinterer Seitenkraft sowie deren Phasenlage zueinander ist in guter Übereinstimmung zu den experimentellen Ergebnissen. Auch hier sind zunächst Abweichungen aufgrund der niedrigen Kohärenz des Giermoments im Strouhalzahlbereich $Sr < 0.02$ festzustellen. Oberhalb $Sr = 0.02$ sind die Kurvenverläufe dann in guter Übereinstimmung zu den entsprechenden Windkanalversuchen. Bei dem Modell mit Abrisskanten bleibt die vordere Seitenkraft im Vergleich zum Ausgangsmodell nahezu gleich. Das reduzierte Giermoment des Modells mit Abrisskanten ist im Strouhalzahlbereich $Sr < 0.08$ auf die Zunahme der hinteren Seitenkraft und der daraus resultierenden Verringerung des Giermoments zurückzuführen. Der ausgeprägte Anstieg des Giermoments resultiert aus der Änderung der Phasenlage oberhalb $Sr = 0.08$. Eine Reduktion des Giermoments kann hier nur durch die Reduktion der hinteren Seitenkraft erreicht werden. Der Einfluss der Radspoiler ist entsprechend der Windkanalversuche auf die Reduktion der vorderen Seitenkraft über den gesamten Strouhalzahlbereich zurückzuführen.

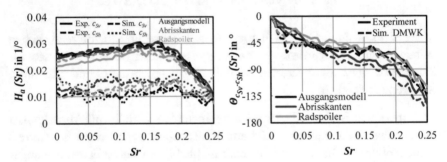

Abbildung 7.15: Übertragungsfunktion der vorderen und hinteren Seitenkraft (links) und Phasenbeziehung zwischen vorderer und hinterer Seitenkraft (rechts) für das 25 % DrivAer Stufenheckmodell und seine Varianten im MWK und DMWK

7.4.2   Numerische Untersuchungen im DWT

Entsprechend der vorangegangen Untersuchungen werden in diesem Abschnitt die aerodynamischen Modifikationen in der Versuchsumgebung ohne

Windkanal-Interferenzeffekte betrachtet. Es wurde bereits gezeigt, dass sich das aerodynamische Übertragungsverhalten des Stufenheckmodells von dem in einer Versuchsumgebung mit Übertragungsverhalten des Windkanalstrahls unterscheidet. Im Folgenden soll aufgezeigt werden, wie das Verhalten der aerodynamischen Modifikationen im Vergleich zum Ausgangsmodell in der Versuchsumgebung des DWT ausfällt.

In Abbildung 7.16 ist die Kohärenz zwischen Windanregung und Seitenkraft beziehungsweise Giermoment für die einzelnen Fahrzeugkonfigurationen dargestellt. Für alle Fahrzeugkonfigurationen sind hohe Werte der Kohärenz der Seitenkraft und des Giermoments über dem gesamten Strouhalzahlbereich zu beobachten. Die niedrigen Werte der Kohärenz des Giermoments fallen für das Modell mit Radspoilern ähnlich aus wie für das Ausgangsmodell. Durch das Anbringen der Abrisskanten werden, im Vergleich zum Ausgangsmodell und dem Modell mit Radspoilern, sehr hohe Werte der Kohärenz des Giermoments im Bereich $Sr < 0.02$ erreicht. Damit ist die Bestimmung der Fahrzeugreaktion auf die Windanregung für das Modell mit Abrisskanten auch im Bereich $Sr < 0.02$ möglich.

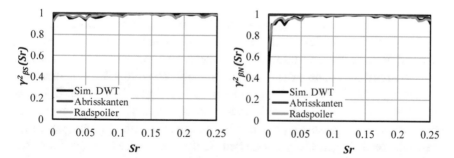

Abbildung 7.16: Kohärenz zwischen Windanregung und resultierender Seitenkraft (links) beziehungsweise Giermoment (rechts) für das 25 % DrivAer Stufenheckmodell und seine Varianten im DWT

In Abbildung 7.17 ist die Übertragungsfunktion zwischen Windanregung und Seitenkraft beziehungsweise Giermoment dargestellt. Aufgrund der hohen Kohärenz streben die Übertragungsfunktionen des Modells mit Abrisskanten gegen den Wert des stationären Gradienten. Der stationäre Gradient der Seitenkraft $dc_S/d\beta = 0.041$ ist geringfügig größer als der des Ausgangsmodells unter stationären Anströmbedingungen ($dc_s/d\beta = 0.038$). Der stationäre Gradient des Giermoments $dc_N/d\beta = 0.009$ ist so groß wie der des Ausgangsmodells. Darüber hinaus zeigt der Vergleich des Modells ohne und mit Abrisskanten, dass die Übertragungsfunktion der Seitenkraft im Bereich $Sr <$ 0.02 geringfügig abnimmt, während die Übertragungsfunktion des Giermoments größere Werte annimmt. Unterschiede sind im instationären Verhalten des Modells mit Abrisskanten zu erkennen. Im Strouhalzahlbereich $0.02 < Sr$ < 0.12 liegt die instationäre Seitenkraft über der des Ausgangsmodells bevor sie dann oberhalb $Sr = 0.12$ das gleichee absolute Niveau erreicht. Das instationäre Giermoment zeigt im Strouhalzahlbereich $0.02 < Sr < 0.1$ einen deutlich reduzierten Anstieg im Vergleich zum Ausgangsmodell. Bei einer Strouhalzahl von $Sr = 0.05$ ist das instationäre Giermoment um etwa 30 % kleiner als beim Ausgangsmodell. Das Maximum liegt bei einer Strouhalzahl von $Sr = 0.12$ um etwa 40 % über dem stationären Wert ($dc_N/d\beta = 0.09/°$). Oberhalb einer Strouhalzahl von $Sr = 0.15$ liegt das instationäre Giermoment auf einem ähnlichen absoluten Niveau wie das Ausgangsmodell.

Im Gegensatz zu den vorangegangenen Beobachtungen zeigt das Modell mit Radspoilern im Vergleich mit dem Ausgangsmodell einen sehr ähnlichen Verlauf der Übertragungsfunktion der Seitenkraft sowie des Giermoments im gesamten Strouhalzahlbereich. Eine deutliche Reduzierung des Giermoments im betrachteten Strouhalzahlbereich kann nicht festgestellt werden. Bei einer Strouhalzahl von $Sr = 0.05$ ist ein reduziertes Giermoment zu erkennen, dies liegt um etwa 20 % unterhalb dem des Ausgangsmodells. Im übrigen Strouhalzahlbereich liegen die instationären Kräfte auf demselben absoluten Niveau.

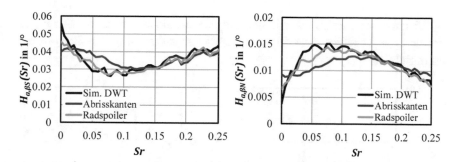

Abbildung 7.17: Übertragungsfunktion der Seitenkraft (links) und des Giermoments (rechts) für das 25 % DrivAer Stufenheckmodell
und seine Varianten im DWT

Anhand der in Abbildung 7.18 aufgetragenen Übertragungsfunktion der vorderen und hinteren Seitenkraft sowie deren Phasenbeziehung werden die
Gründe für diese Änderungen deutlich. Der Einfluss der Abrisskanten ist auf
die hintere Seitenkraft und die Phasenbeziehung zurückzuführen, die vordere
Seitenkraft bleibt unverändert gegenüber dem Ausgangsmodell. Durch die
Abrisskanten wird die hintere Seitenkraft im Strouhalzahlbereich $Sr < 0.02$
zunächst reduziert. Dann beginnt sie, ähnlich dem Ausgangsmodell, abzufal-
len und erreicht ihr Minimum bei einer Strouhalzahl von $Sr = 0.12$. Aufgrund
der größeren Amplitude der Seitenkraft im Strouhalzahlbereich $0.02 < Sr$
< 0.1 und des geringeren Phasenversatzes in diesem Bereich, kann das Giermoment im Vergleich zum Ausgangsmodell reduziert werden. Die Abrisskanten beeinflussen die Phasenlage so, dass diese über dem betrachteten
Strouhalzahlbereich näher bei $0°$ liegt als beim Ausgangsmodell. Aufgrund
der niedrigeren Amplitude der hinteren Seitenkraft oberhalb $Sr = 0.1$ steigt
das Giermoment an und erreicht ab $Sr = 0.15$ das gleiche absolute Niveau
wie das Ausgangsmodell.

Der Verlauf der vorderen sowie hinteren Seitenkraft des Modells mit Radspoilern ist sehr ähnlich zu dem des Ausgangsmodells. Eine deutliche Reduktion der vorderen Seitenkraft, wie sie im MWK und DMWK auftritt,
kann nicht festgestellt werden. Auch der Verlauf der Phasenbeziehung zwischen vorderer und hinterer Seitenkraft ist sehr ähnlich zu dem des Ausgangsmodells. Im Strouhalzahlbereich $0.04 < Sr < 0.08$ verschiebt sich der

180° Phasenversatz zu einer höheren dimensionslosen Frequenz. Daraus resultiert die Abnahme des Giermoments des Modells mit Radspoilern in diesem Bereich.

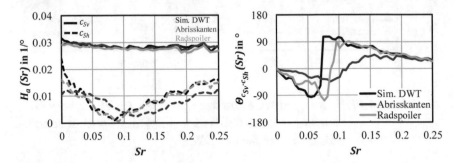

Abbildung 7.18: Übertragungsfunktion der vorderen und hinteren Seitenkraft (links) und Phasenbeziehung zwischen vorderer und hinterer Seitenkraft (rechts) für das 25 % DrivAer Stufenheckmodell und seine Varianten im DWT

Auch in der Versuchsumgebung des DWT unterschätzt der quasi-stationäre Ansatz die Fahrzeugreaktion der betrachteten aerodynamischen Modifikationen. Eine Überhöhung des instationären Giermoments im Strouhalzahlbereich $0.05 < Sr < 0.1$ von bis zu 70 % gegenüber dem Stationärwert ist zu beobachten. Zudem zeigt sich, dass die aerodynamischen Maßnahmen die Fahrzeugreaktion in diesem Frequenzbereich anders beeinflussen als dies im MWK und DMWK der Fall ist. Abrisskanten am Heck des Fahrzeugs reduzieren das Giermoment im Strouhalzahlbereich $0.02 < Sr < 0.15$ um bis zu 30 % gegenüber dem Ausgangsmodell. In der Versuchsumgebung des MWK und DMWK reduzieren die Abrisskanten das instationäre Giermoment im Bereich $Sr < 0.1$ – im Vergleich zum Ausgangsmodell – um maximal 10 %. Im MWK und DMWK übersteigt das instationäre Giermoment oberhalb $Sr = 0.1$ das des Ausgangsmodells. Auch dieses Verhalten der Abrisskanten im Vergleich zum Ausgangsmodell kann in der Versuchsumgebung des DWT nicht festgestellt werden. Die Wirkungsweise dieser Maßnahme kann daher letztendlich nur in der Versuchsumgebung des DWT bewertet werden.

8 Schlussfolgerungen und Ausblick

Im Rahmen dieser Arbeit wurden die aerodynamischen Eigenschaften von Fahrzeugen unter böigem Seitenwind sowie der Einfluss der Windkanalumgebung auf die ermittelten instationären Kräfte und Momente anhand experimenteller und korrespondierender, numerischer Methoden untersucht.

Um das instationäre Verhalten eines Fahrzeugs unter böigem Seitenwind zu quantifizieren, wurde die von Schröck am IVK/FKFS entwickelte Methode herangezogen. Diese Methode beinhaltet die Reproduktion der Böigkeit des natürlichen Winds sowie die Ermittlung der am Fahrzeug resultierenden Kräfte und Momente. Durch die Verknüpfung der Windanregung mit den am Fahrzeug wirkenden Kräften über eine Ein-/ Ausgangsbeziehung, kann das aerodynamische Übertragungsverhalten des Fahrzeugs als ein lineares, zeitinvariantes System dargestellt werden. Dieser Ansatz zur Bestimmung des aerodynamischen Übertragungsverhaltens eines Fahrzeugs setzt voraus, dass die Windanregung durch ein kohärentes Strömungsfeld verursacht wird, welches durch einen einzigen, die komplette Information beinhaltenden Messpunkt bestimmt werden kann und deshalb ausreicht, um die Fahrzeugreaktion vollständig zu beschreiben.

Aus den in dieser Arbeit vorgestellten Untersuchungen geht hervor, dass der gewählte Ansatz zur Bestimmung der aerodynamischen Fahrzeugeigenschaften in einem Windkanal mit offener Messstrecke durch ein zusätzliches, auf das Übertragungsverhalten des Windkanalstrahls zurückzuführendes Übertragungsverhalten verfälscht wird. Ein einziger Messpunkt vor dem Fahrzeug reicht demnach nicht aus, um die komplette Information der Fahrzeuganregung zu erfassen.

Um das Übertragungsverhalten des Windkanalstrahls zu beschreiben, wurde die Windanregung und die Reaktion des Strömungsfelds in der leeren Messstrecke des Windkanals durch eine Ein-/ Ausgangsbeziehung verknüpft. Dadurch konnte gezeigt werden, dass der Windkanalstrahl selbst ein dynamisches Verhalten aufweist, das mit Hilfe der linearen Systemtheorie beschrieben werden kann. Das Strömungsfeld vor dem Fahrzeug ist zweidimensional,

© Springer Fachmedien Wiesbaden GmbH, ein Teil von Springer Nature 2018
D. Stoll, *Ein Beitrag zur Untersuchung der aerodynamischen Eigenschaften von Fahrzeugen unter böigem Seitenwind*, Wissenschaftliche Reihe Fahrzeugtechnik Universität Stuttgart, https://doi.org/10.1007/978-3-658-21545-3_8

also über die Breite und die Höhe kohärent. Es besitzt ein mit zunehmendem Abstand zur Düse in horizontaler Richtung verändertes Strömungsfeld. Die Amplitude der erzeugten Strömungswinkel verändert sich abhängig von der Frequenz über die Länge und die Breite des Windkanalstrahls. Außerdem ist eine veränderte Ausbreitungsgeschwindigkeit der durch die transversale, wellenförmige Strömungsauslenkung erzeugten Wellen über die Länge des Windkanalstrahls festzustellen. Dieses Verhalten ist auf die bei dynamischer Auslenkung des Windkanalstrahls verursachte Anfachung der Kelvin-Helmholtz-Instabilität in der Scherschicht zurückzuführen. Die sich in der Scherschicht ausbildenden großskaligen Wirbelstrukturen erzeugen im Strahlkern eine Querkomponente, die abhängig von der Frequenz zu einer Überhöhung oder Dämpfung des resultierenden Strömungswinkels sowie zu einer zeitlichen Verzögerung der Ausbreitungsgeschwindigkeit der erzeugten Wellen führt.

Das Übertragungsverhalten des Windkanalstrahls überlagert sich dem Übertragungsverhalten des Fahrzeugs. Je nach Form und Größe des im Windkanalstrahl platzierten Fahrzeugs, erfährt dieses eine lokal unterschiedliche Anregung.

Die in dieser Arbeit durchgeführten numerischen und experimentellen Untersuchungen haben die Größenordnung der zu beobachtenden Effekte und deren Rückwirkung auf ein Fahrzeug aufgezeigt. Nach den Untersuchungsergebnissen ist das Übertragungsverhalten des Windkanalstrahls durch eine gezielte Veränderungen der geometrischen Randbedingungen nur schwer zu beeinflussen. Untersuchungen in einem Windkanal mit geschlossener Messstrecke würden den Vorteil bieten, dass es keine zusätzliche Anregung aufgrund der Scherschichtwirbel gibt. Allerdings ist hier mit einer zusätzlichen Verfälschung der Messergebnisse aufgrund der Blockierungseffekte zwischen dem Fahrzeugkörper und den Wänden der Messstrecke zu rechnen.

Ein weiterer Ansatz zur Durchführung experimenteller Untersuchungen in einer idealen Versuchsumgebung wäre die Arbeit mit Modellen deutlich kleineren Maßstabs, die in einem Bereich sehr nahe an der Düse platziert sind. In einem Bereich des dimensionslosen Düsenabstands von $x_d/d_h = 0.3$ ist weder eine zeitliche Verzögerung noch eine Anfachung oder Abschwächung der erzeugten Strömungsauslenkung zu beobachten. Dabei ist allerdings zu beachten, dass mit kleinerem Modellmaßstab gleichzeitig die Frequenz der Anregung umgekehrt proportional erhöht werden muss. Dasselbe gilt strenggenommen für die zu realisierende Strömungsgeschwindigkeit. Diese Anforderungen können mit dem hier realisierten Versuchsaufbau nicht dargestellt werden.

Auch eine Korrektur der gemessenen Werte im Nachgang könnte zu einer im Experiment verwendbaren Methode führen. Wenn die lokal unterschiedliche Anregung auf den Seitenflächen des Fahrzeugs erfasst würde, wäre die Abbildung eines multiplen Ein-/ Ausgangssystems entsprechend der linearen Systemtheorie möglich. Die Abbildung von Systemen mit multiplen Eingängen ist jedoch mathematisch sehr schwierig. Dieser Ansatz steht außerdem der Forderung nach einer einfach zu handhabenden Untersuchungsmethode gegenüber.

Letztendlich kann eine ideale Versuchsumgebung mit quasi unendlicher Ausdehnung und ohne Freistrahl-Interferenzen nur in einer numerischen Simulationsumgebung die Ermittlung der aerodynamischen Fahrzeugeigenschaften gewährleisten. Es konnte gezeigt werden, dass sich auch in einer idealen numerischen Versuchsumgebung ohne Windkanal-Interferenzeffekte (DWT) die aus einer instationären Windanregung resultierenden Reaktionskräfte wesentlich von denjenigen unterscheiden, die über einen quasi-stationären Ansatz berechnet werden. Bei dem untersuchten DrivAer Stufen- und Vollheckmodell ist eine ausgeprägte Überhöhung des Giermoments festzustellen. Das Maximum liegt um bis zu 70 % über dem stationären Wert. Diese Überhöhung des Giermoments ist als kritisch zu bewerten, da sie in einem für die Fahrdynamik relevanten Frequenzbereich auftritt. Es wurden aerodynamische Modifikationen vorgestellt, welche die instationären aerodynamischen Eigenschaften des Fahrzeugs beeinflussen. Durch Abrisskanten am Heck des Stufenheckmodells konnte das instationäre Giermoment im für die Fahrdynamik relevanten Frequenzbereich um bis zu 30 % gegenüber dem Ausgangsmodell reduziert werden. Diese Maßnahme stellt sich in Bezug auf die Verbesserung der Seitenwindempfindlichkeit als vielversprechend dar.

Da es sich bei der Seitenwindempfindlichkeit in erster Linie um ein Komfortproblem handelt, ist die subjektive Wahrnehmung des Fahrers von besonderer Bedeutung. Die Auswirkungen der vorgestellten aerodynamischen

Maßnahmen können nur anhand der Betrachtung des Gesamtsystems Fahrer-Fahrzeug vollständig beschrieben und bewertet werden. Um den Einfluss des vorgestellten aerodynamischen Fahrzeugverhaltens sowie der aerodynamischen Maßnahmen auf das Gesamtsystem bestehend aus Aerodynamik, Fahrer und Fahrzeug zu bewerten, können die ermittelten Übertragungsfunktionen in ein Aerodynamikmodell überführt werden, das für den virtuellen Fahrversuch im Stuttgarter Fahrsimulator genutzt werden kann [108]. Im Fahrsimulator wird die Fahrerreaktion im geschlossenen Regelkreis berücksichtigt und dadurch die Bewertung der Auswirkung auf das Fahrersubjektivurteil möglich. Dadurch kann schon in einem frühen Stadium des Entwicklungsprozesses eine Aussage über die Seitenwindempfindlichkeit eines Fahrzeugs getroffen werden. Dies eröffnet neue Potenziale und Freiheitsgrade für die Optimierung des Fahrverhaltens.

Um den bei der Straßenfahrt unter dem Einfluss des natürlichen Winds auftretenden Luftwiderstand richtig zu bestimmen, sollten auch die hier vorgestellten zeitlich veränderlichen Anströmbedingungen bei der Entwicklung eines Fahrzeugs berücksichtigt werden. Vorangegangene Untersuchungen zeigen, dass sich die durch einen quasi-stationären Ansatz ermittelte Luftwiderstandsbeiwerte deutlich von denen unter instationären Anströmbedingungen unterscheiden [109, 110]. Es konnte auch gezeigt werden, dass aerodynamische Maßnahmen, die in einer turbulenzarmen Anströmung den Luftwiderstand reduzieren, unter instationären Anströmbedingungen anders zu bewerten sind. Dabei konnte in den durchgeführten Untersuchungen eine gute Übereinstimmung zwischen den in den Versuchsumgebungen des MWK, DMWK und DWT ermittelten Luftwiderstandsbeiwerte am DrivAer Stufen- und Vollheckmodell erreicht werden. Es muss jedoch berücksichtigt werden, dass durch die dynamische Auslenkung des Windkanalstrahls und der daraus veränderten Anströmung im Bereich des Kollektors, ein längs der Messstrecke veränderter statischer Druckverlauf resultiert. Der zeitlich gemittelte Luftwiderstandsbeiwert muss daher mit dem zugehörigen zeitlich gemittelten statischen Druckverlauf korrigiert werden. Nur dann ist eine Vergleichbarkeit zum, in einer idealen Versuchsumgebung bestimmten, Luftwiderstand gewährleistet. Die Optimierung des Luftwiderstandsbeiwerts unter realistischen Anströmbedingungen kann einen Beitrag zur Reduzierung der auf der Straße auftretenden Fahrwiderstände liefern und so zur Reduzierung des realen Kraftstoffverbrauchs und einer damit verbundenen CO_2-Reduzierung bei konventionellen Antrieben sowie einer Steigerung der Reichweite bei Hybrid- und Elektrofahrzeugen beitragen.

Literaturverzeichnis

[1] Schröck, D.: Eine Methode zur Bestimmung der aerodynamischen Eigenschaften eines Fahrzeuges unter böigem Seitenwind. Dissertation. Universität Stuttgart, 2012.

[2] Wagner, A.: Ein Verfahren zur Vorhersage und Bewertung des Fahrverhaltens bei Seitenwind. Dissertation. Universität Stuttgart, 2003.

[3] Schaible, S.: Fahrzeugseitenwindempfindlichkeit unter natürlichen Bedingungen. Dissertation. RWTH Aachen, 1998.

[4] Wallentowitz: Fahrer - Fahrzeug - Seitenwind. Dissertation. TU Braunschweig, 1978.

[5] Wiedemann, J.: DNW - Audi's Approach to the Solution of Complex Problems in Passenger Car Aerodynamics. Proceedings of the Colloquium. Ten Years Testing at DNW 1980-1990 (1990), S. 12.1–12.12.

[6] Mullarkey, S.: Aerodynamic Stability of Road Vehicles in Side Winds and Gusts. PhD Thesis. University of London, 1990.

[7] Passmore, M. A., Richardson, S. u. Imam, A.: An experimental study of unsteady vehicle aerodynamics. Proceedings of the Institution of Mechanical Engineers, Part D: Journal of Automobile Engineering Vol. 215 Part D (2001), S. 779–788.

[8] SAE Road Vehicle Aerodynamics Committee: Vehicle Aerodynamics Terminology. SAE J1594. Detroit, 2010.

[9] Bendat, J. S. u. Piersol, A. G.: Engineering applications of correlation and spectral analysis. New York: J. Wiley, 1993.

[10] Bendat, J. S. u. Piersol, A. G.: Random data. Analysis and measurement procedures. Wiley series in probability and statistics. Hoboken, N.J.: Wiley, 2010.

[11] Natke, H. G.: Einführung in Theorie und Praxis der Zeitreihen- und Modalanalyse. Identifikation schwingungsfähiger elastomechanischer Systeme. Wiesbaden: Vieweg & Teubner Verlag, 1988/1983.

[12] Natke, H. G.: Modelle und Wirklichkeit. Hannover: Unser Verlag, 1999.

© Springer Fachmedien Wiesbaden GmbH, ein Teil von Springer Nature 2018
D. Stoll, *Ein Beitrag zur Untersuchung der aerodynamischen Eigenschaften von Fahrzeugen unter böigem Seitenwind*, Wissenschaftliche Reihe Fahrzeugtechnik Universität Stuttgart, https://doi.org/10.1007/978-3-658-21545-3

[13]   Behrens, M.: Aerodynamische Admittanzansätze zur Böenwirkung auf hohe, schlanke Bauwerke. Dissertation. Technische Universität Braunschweig, 2003.

[14]   Holmes, J. D.: Wind loading of structures. London, New York: Taylor & Francis, 2007.

[15]   Hinze, J. O.: Turbulence. McGraw-Hill series in mechanical engineering. New York: McGraw-Hill, 1975.

[16]   Pope, S. B.: Turbulent flows. Cambridge, New York: Cambridge University Press, 2000.

[17]   ESDU 74030: Characteristics of atmospheric turbulence near the ground. Engineering and sciences data unit report, 1976.

[18]   Cooper, K., Watkins, S. u. Cooper, K. R.: The Unsteady Wind Environment of Road Vehicles, Part One: A Review of the On-road Turbulent Wind Environment. SAE Technical Paper 2007-01-1236.

[19]   Watkins, S.: Wind-Tunnel Modelling of Vehicle Aerodynamics: With Emphasis on Turbulent Wind Effects on Commercial Vehicle Drag. PhD Thesis. Victorian University of Technology, 1990.

[20]   Wordley, S.: On-Road Turbulence. PhD Thesis. Monash University, 2009.

[21]   Oettle, N.: The Effects of Unsteady On-Raod Flow Conditions on Cabin Noise. PhD Thesis. Durham University, 2013.

[22]   Lindener, N., Miehling, H., Cogotti, A., Cogotti, F. u. Maffei, M.: Aeroacoustic Measurements in Turbulent Flow on the Road and in the Wind Tunnel. SAE Technical Paper 2007-01-1551.

[23]   Saunders, J. W. u. Mansour, R. B.: On-Road and Wind Tunnel Turbulence and its Measurement Using a Four-Hole Dynamic Probe Ahead of Several Cars. SAE Technical Paper 2000-01-0350.

[24]   Carlino, G., Cardano, D. u. Cogotti, A.: A New Technique to Measure the Aerodynamic Response of Passenger Cars by a Continuous Flow Yawing. SAE Technical Paper 2007-01-0902.

[25]   Davenport, A. G.: The Application of Statistical Concepts to the Wind Loading of Structures. Proceedings of the Institution of Civil Engineers 1961, Vol. 19, Issue No. 4, S. 449–472.

[26]   Blumrich, R., Mercker, E., Michelbach, A., Vagt, J.-D., Widdecke, N. u. Wiedemann, J.: Windkanäle und Messtechnik. In: Schütz, T. (Hrsg.): Hucho - Aerodynamik des Automobils. Strömungsmechanik,

Wärmetechnik, Fahrdynamik, Komfort. Wiesbaden: Vieweg; Springer Fachmedien Wiesbaden 2013, S. 831–966.

[27] Potthoff, J.: Die IVK-Kraftfahrzeugwindkanalanlage der Universität Stuttgart. Tagung „Fahrzeug Aerodynamik". Essen: Haus der Technik, 1987.

[28] Mercker, E. u. Wiedemann, J.: On the Correction of Interference Effects in Open Jet Wind Tunnels. SAE Technical Paper 1996-960671.

[29] Mercker, E., Wickern, G. u. Weidemann, J.: Contemplation of Nozzle Blockage in Open Jet Wind-Tunnels in View of Different 'Q' Determination Techniques. SAE Technical Paper 1997-970136.

[30] Mercker, E., Cooper, K. R., Fischer, O. u. Wiedemann, J.: The Influence of a Horizontal Pressure Distribution on Aerodynamic Drag in Open and Closed Wind Tunnels. SAE Technical Paper 2005-01-0867.

[31] Wickern, G.: On the Application of Classical Wind Tunnel Corrections for Automotive Bodies. SAE Technical Paper 2001-01-0633.

[32] Mercker, E.: On Buyancy and Wake Distortion in Test Sections of Automotive Wind Tunnels. In: Wiedemann, J. (Hrsg.): Progress in Vehicle Aerodynamics and Thermal Management. Renningen: Expert Verlag, 2013.

[33] Walter, J., Pien, W., Lounsberry, T. u. Gleason, M.: On Using Correlations to Eliminate 2nd Measurement for Pressure Gradient Correction. In: Wiedemann, J. (Hrsg.): Progress in Vehicle Aerodynamics and Thermal Management. Renningen: Expert Verlag, 2013.

[34] Wickern, G., Heesen, W. von u. Wallmann, S.: Wind Tunnel Pulsations and their Active Suppression. SAE Technical Paper 2000-01-0869.

[35] Wehrmann, O.: Akustische Steuerung der turbulenten Anfachung. Jahrbuch der WGL, 1957.

[36] Beland, O.: Buffeting Suppression Technologies for Automotive Wind Tunnels Tested on a Scale Model. In: Wiedemann, J. (Hrsg.): Progress in Vehicle Aerodynamics and Thermal Management. Renningen: Expert Verlag, 2007.

[37] Michel, U. u. Froebel, E.: Turbulence at far downstream Positions in the Open Working Section of the German-Dutch Wind Tunnel DNW. DLR IB-2214-85/B10, 1985.

[38] Rossiter, J. E.: Wind-Tunnel Experiments on the Flow over Rectangular Cavities at Subsonic and Transonic Speeds. Reports and Memoranda No. 3438. London: Ministry of Aviation, 1964.

[39] Rennie, M., Kim, M.-S., Lee, J.-H. u. Kee, J.-D.: Suppression of Open-Jet Pressure Fluctuations in the Hyundai Aeroacoustic Wind Tunnel. SAE Technical Paper 2004-01-0803.

[40] Arnette, S. A., Buchanan, T. D. u. Zabat, M.: On Low-Frequency Pressure Pulsations and Static Pressure Distribution in Open Jet Automotive Wind Tunnels. SAE Technical Paper 1999-01-0813.

[41] Ahuja, K. K., Massey, K. C. u. D'Agostino, M. S.: Flow/Acoustic Interaction in Open Jet Wind Tunnels. AIAA-97-1691-CP. American Institute of Aeronautics and Astronautics, 1997.

[42] Helmholtz, H. von: Über diskontinuierliche Flüssigkeitsbewegungen. Monatsberichte der Königlich Preußischen Akademie der Wissenschaft Berlin (1868), S. 215–228.

[43] Kelvin, L.: Hydrokinetic Solutions and Observations. Philos. Mag. (1871) Volume 42, Issue 4, S. 362–377.

[44] Rayleigh, L.: On the Stability, or Instability, of certain Fluid Motions. Proceedings of the London Mathematical Society (1879), S. 57–72.

[45] Drittes Physikalischen Institut der Universität Göttingen: Strömungsinstabilitäten: Schwingungen eines ebenen Freistrahls. Praktikum für Fortgeschrittene, Versuch 254, 1997.

[46] Oertel, H., JR. u. Delfs, J.: Strömungsmechanische Instabilitäten. Berlin, Heidelberg: Springer-Verlag, 1996.

[47] Ickler, A.: Modenstruktur und adaptive Regelung der Strahl-Kanten Strömung. Dissertation. Universität Göttingen, 2004.

[48] Ackermann, U.: Instabilitätswellen in einem runden turbulenten Freistrahl und ihre Schallabstrahlung. Dissertation. Universität Göttingen, 1976.

[49] Goetz, H.: Crosswind facilities and procedures. SP, Bd. 1109. Warrendale, PA: Society of Automobile Engineers, 1995.

[50] ISO Norm 12021:2010-12: Road vehicles - Sensitivity to lateral wind - Open-loop test method using wind generator input. 2010.

[51] Krantz, W.: An advanced approach for predicting and assessing the driver's response to natural crosswind. Dissertation. Universität Stuttgart, 2012.

[52] Schröck, D. u. Wagner, A.: Aerodynamik und Fahrstabilität. In: Schütz, T. (Hrsg.): Hucho - Aerodynamik des Automobils. Strömungsmechanik, Wärmetechnik, Fahrdynamik, Komfort. Wiesbaden: Vieweg; Springer Fachmedien Wiesbaden 2013, S. 383–439.

[53] Chadwick, A.: Crosswind Aerodynamics of Sport Utility Vehicles. PhD Thesis. Cranfield University, 1999.

[54] Cairns, R. S.: Lateral Aerodynamic Characteristics of Motor Vehicles in Transient Crosswinds. PhD-Thesis. Cranfield University, 1994.

[55] Chadwick, A., Garry, K. u. Howell, J.: Transient Aerodynamic Characteristics of Simple Vehicle Shapes by the Measurement of Surface Pressures. SAE Technical Paper 2000-01-0876.

[56] Passmore, M. A. u. Mansor, S.: The Measurement of Transient Aerodynamics Using an Oscillating Model Facility. SAE Technical Paper 2006-01-0338.

[57] Wojciak, J., Theissen, P., Heuler, K., Indinger, T., Adams, N. u. Demuth, R.: Experimental Investigation of Unsteady Vehicle Aerodynamics under Time-Dependent Flow Conditions - Part2. SAE Technical Paper 2011-01-0164.

[58] Sims-Williams, D.: Cross Winds and Transients: Reality, Simulation and Effects. SAE Int. J. Passeng. Cars - Mech. Syst. 4(1): 172-183, 2011.

[59] Howell, J., Newnham, P. u. Passmore, M. A.: Effect of Free Stream Turbulence on Road Vehicle Aerodynamics. In: Wiedemann, J. (Hrsg.): Progress in Vehicle Aerodynamics and Thermal Management. Renningen: Expert Verlag, 2007.

[60] Cooper, K. R. u. Campbell, W. F.: An Examination of the Effects of Wind Turbulence on the Aerodynamic Drag of Vehicles. Journal of Wind Engineering and Industrial Aerodynamics (1981), vol. 9, S.167-180.

[61] Davis, J. P.: Wind tunnel investigation of vehicle wakes. PhD Thesis. Imperial College of Science and Technology, University of London, 1982.

[62] Cogotti, A.: Generation of a Controlled Level of Turbulence in the Pininfarina Wind Tunnel for the Measurement of Unsteady Aerodynamics and Aeroacoustics. SAE Technical Paper 2003-01-0430.

[63]   Cogotti, A.: Update on the Pininfarina "Turbulence Generation System" and its effects on the Car Aerodynamics and Aeroacoustics. SAE Technical Paper 2004-01-0807.

[64]   Schrefl, M.: Instationäre Aerodynamik von Kraftfahrzeugen. Aerodynamik bei Überholvorgang und böigem Seitenwind, Bd. 16. Aachen: Shaker, 2008.

[65]   Mankowski, O., Sims-Williams, D. u. Dominy, R.: A Wind Tunnel Simulation Facility for On-Road Transients. SAE Int. J. Passeng. Cars - Mech. Syst. 7(3): 1087-1095, 2014.

[66]   Kremheller, A., Le Good, G., Annetts, I. u. Moore, M.: The Aerodynamics Development of a New Light Commercial Vehicle Concept Under Uniform and Transient Flow Conditions. In: Wiedemann, J. (Hrsg.): Progress in Vehicle Aerodynamics and Thermal Management. Renningen: Expert Verlag, 2015.

[67]   Gaylard, A., Oettle, N., Duncan, B. u. Gargoloff, J.: Effect of Non-Uniform Flow Conditions on Vehicle Aerodynamic Performance. In: Wiedemann, J. (Hrsg.): Progress in Vehicle Aerodynamics and Thermal Management. Renningen: Expert Verlag ,2013.

[68]   Gaylard, A. P., Oettle, N., Gargoloff, J. u. Duncan, B.: Evaluation of Non-Uniform Upstream Flow Effects on Vehicle Aerodynamics. SAE Int. J. Passeng. Cars - Mech. Syst. 7(2): 692-702, 2014.

[69]   D'Hooge, A., Palin, R., Rebbeck, L., Gargoloff, J. u. Duncan, B.: Alternative Simulation Methods for Assessing Aerodynamic Drag in Realistic Crosswind. SAE Int. J. Passeng. Cars - Mech. Syst. 7(2): 617-625, 2014.

[70]   D'Hooge, A., Rebbeck, L., Palin, R., Murphy, Q., Gargoloff, J. u. Duncan, B.: Application of Real-World Wind Conditions for Assessing Aerodynamic Drag for On-Road Range Prediction. SAE Technical Paper 2015-01-1551, 2015.

[71]   Demuth, R. u. Buck, P.: Numerical Investigations on the Unsteady Aerodynamics of Road Vehicles under Gusty Weather Conditions. S. 47 - 59. MIRA, 2006.

[72]   Theissen, P., Demuth, R., Wojciak, J., Indinger, T. u. Adams, N. A.: Numerical Modelling of Generic Cross-Wind Gusts and the Effect on Unsteady Vehicle Aerodynamics. München: Haus der Technik (HdT), 2010.

[73] Zens, K.: CFD Simulations for the Analysis of Crosswind Sensitivity of Passenger Cars. 7th Stuttgart International Symposium. Volume 2. Wiesbaden: Friedrich Vieweg & Sohn Verlag / GWV Fachverlag GmbH 2007, S. 231–243.

[74] SAE Road Vehicle Aerodynamics Committee: Aerodynamic Testing of Road Vehicles – Open Throat Wind Tunnel Adjustment. J2071. Detroit, 2004.

[75] Wiedemann, J. u. Potthoff, J.: The New 5-Belt Road Simulation System of the IVK Wind Tunnels - Design and First Results. SAE Technical Paper 2003-01-0429.

[76] Kuthada, T., Schröck, D., Potthoff, J., Wiedemann, J. u. Potthoff, J.: The Effect of Center Belt Roughness on Vehicle Aerodynamics. SAE Int. J. Passeng. Cars – Mech. Syst. 2(1):841-848, 2009.

[77] Oyama, T., Ichige, T., Inoue, A. u. Bredenbeck, J.: Electrical wind tunnel external balance system. 14th Stuttgart International Symposium. Automotive and Engine Technology. Volume 2. Wiesbaden: Springer Vieweg 2014, S. 371 385.

[78] Randall, R. D.. Frequency analysis. Naerum. Brüel & Kjaer, 1987.

[79] Esterline Technologies Corporation: ESP-16HD/32HD/64HD - Technical Data Sheet. Indianapolis, Indiana, USA: Esterline Technologies Corporation.

[80] Bergh, H. u. Tijdeman, H.: Theoretical and experimental results for the dynamic response of pressure measuring systems. Nationaal Lucht- en Ruimtevaartlaboratorium, 1965.

[81] Staack, P.: Experimentelle und Theoretische Untersuchungen des Übertragungsverhaltens von Schlauchleitungen. Studienarbeit am Institut für Verbrennungsmotoren und Kraftfahrwesen (IVK). Universität Stuttgart, 2007.

[82] Mousley, P.: Flyer Cobra Probe. Victoria, Australia: Turbulent Flow Instrumentation Pty Ltd., 2016.

[83] Heft, A. I., Indinger, T. u. Adams, N. A.: Introduction of a New Realistic Generic Car Model for Aerodynamic Investigations. SAE Technical Paper 2012-01-0168.

[84] Wittmeier, F. u. Kuthada, T.: Open Grille DrivAer Model - First Results. SAE Technical Paper 2015-01-1553.

[85]   Chen, H., Teixeira, C. u. Molvig, K.: Digital Physics Approach to Computational Fluid Dynamics: Some Basic Theoretical Features. International Journal of Modern Physics (1997), S. 675–684.

[86]   Chen, H.: Volumetric formulation of the lattice Boltzmann method for fluid dynamics: Basic concept. Physical Review E, Vol. 58 (1998), S. 3955–3963.

[87]   Chen, H., Kandasamy, S., Orszag, S., Shock, R., Succi, S. u. Yakhot, V.: Extended Boltzmann kinetic equation for turbulent flows. In: Science 301 (2003) (New York, N.Y.) Nr. 5633, S. 633–636.

[88]   Chen, H., Orszag, S., Staroselsky, I. u. Succi, S.: Expanded analogy between Boltzmann kinetic theory of fluids and turbulence. Journal of Fluid Mechanics 519 (1999), S. 301–314.

[89]   Gleason, M.: Benchmarks and Benefits: Examination of EXA Power-FLOW Applications to Automotive External Aerodynamic Analysis. Boston (USA), 2000.

[90]   Nölting, S., Alabegovic, A., Anagnost, A., Krumenaker, T. u. Wessels, M.: Validation of "Digital Physics" Simulations of the Flow over the ASMO-II Body. 97VR092 (1997)

[91]   Kandasamy, S., Duncan, B., Gau, H., Maroy, F., Belanger, A., Gruen, N. u. Schäufele, S.: Aerodynamic Performance Assessment of BMW Validation Models using Computational Fluid Dynamics. SAE Technical Paper 2012-01-0297.

[92]   Bartelheimer, W.: Berechnung der Fahrzeugumströmung bei BMW: Validierung und Einsatz von EXA PowerFLOW. Tagung "Fahrzeug-Aerodynamik". München: Haus der Technik (HdT), 2001.

[93]   Parpais, S., Farce, J., Bailly, O. u. Genty, H.: A Comparison of Experimental Investigations and Numerical Simulations around Two-box form Models. 4th Int. Conference of Vehicle Aerodynamics. Warwick: MIRA, 2002.

[94]   Fischer, O., Kuthada, T., Wiedemann, J., Dethioux, P., Mann, R. u. Duncan, B.: CFD Validation Study for a Sedan Scale Model in an Open Jet Wind Tunnel. SAE Technical Paper 2008-01-0325.

[95]   Fischer, O., Kuthada, T., Mercker, E., Wiedemann, J. u. Duncan, B.: CFD Approach to Evaluate Wind-Tunnel and Model Setup Effects on Aerodynamic Drag and Lift for Detailed Vehicles. SAE Technical Paper 2010-01-0760.

[96] Duncan, B. D., Kandasamy, S., Sbeih, K., Lounsberry, T. H. u. Gleason, M. E.: Further CFD Studies for Detailed Tires using Aerodynamics Simulation with Rolling Road Conditions. SAE Technical Paper 2010-01-0757.

[97] EXA Corporation: EXA best practices 2.0, rev 3.

[98] Gauch, H.: Aerodynamische Auslegung eines Böengenerators für den IVK Modellwindkanal. Studienarbeit am Institut für Verbrennungsmotoren und Kraftfahrwesen (IVK). Universität Stuttgart, 2014.

[99] Eppler, R.: Turbulent Airfoils for General Aviation. Journal of Aircraft 1978

[100] Eppler, R. u. Somers, D.: A Computer Program for the Design and Analysis of Low-Speed Airfoils. TM-80210. NASA, 1980.

[101] Eppler, R.: Airfoil Design and Data. Berlin, Heidelberg: Springer, 1990.

[102] Carr, L. W., McAlister, K. W. u. McCroskey, W. J.: Analysis of the development of dynamic stall based on oscillating airfoil experiments. NASA TN D-8382. Washington, D.C., 1977.

[103] Wagner, A.: Konstruktion eines Systems zur Böenerzeugung im Modellwindkanal der Universität Stuttgart. Studienarbeit am Institut für Verbrennungsmotoren und Kraftfahrwesen (IVK). Universität Stuttgart, 2013.

[104] Stoll, D., Kuthada, T., Wiedemann, J. u. Schütz, T.: Unsteady Aerodynamic Vehicle Properties of the DrivAer Model in the IVK Model Scale Wind Tunnel. In: Wiedemann, J. (Hrsg.): Progress in Vehicle Aerodynamics and Thermal Management. Renningen: Expert Verlag, 2015.

[105] Welch, P. D.: The Use of Fast Fourier Transform for the Estimation of Power Spectra: A Method Based on Time Averaging Over Short, Modified Periodograms. IEE Transactions on Audio and Electroacoustics 1967, Vol. AU-15, No. 2.

[106] Sawatzki, E.: Die Luftkräfte und ihre Momente am Kraftwagen und die aerodynamischen Mittel zur Beeinflussung der Fahrtrichtungshaltung. Deutsche Kraftfahrforschung im Auftrag des Reichs-Verkehrsministeriums. Heft 50. Berlin: VDI-Verlag, 1941.

[107] Potthoff, J.: Windkanaltechnik und Anwendungsbereiche in der Automobilentwicklung. Essen: Haus der Technik e. V., 1994.

[108] Krantz, W., Pitz, J., Stoll, D. u. M.-T., N.: Simulation des Fahrens unter instationärem Seitenwind. ATZ - Automobiltechnische Zeitschrift (2014), Ausgabe 02.

[109] Stoll, D., Schoenleber, C., Wittmeier, F., Kuthada, T. u. Wiedemann, J.: Investigation of Aerodynamic Drag in Turbulent Flow Conditions. SAE Int. J. Passeng. Cars - Mech. Syst. (9):2 733-742, 2016.

[110] Stoll, D., Kuthada, T. u. Wiedemann, J.: Experimental and numerical investigation of aerodynamic drag in turbulent flow conditions. In: International Conference on Vehicle Aerodynamics. Aerodynamics by Design. London: Institution of Mechanical Engineers 2016, S. 173–187.

Anhang

A.1 Optimiertes Flügelprofil

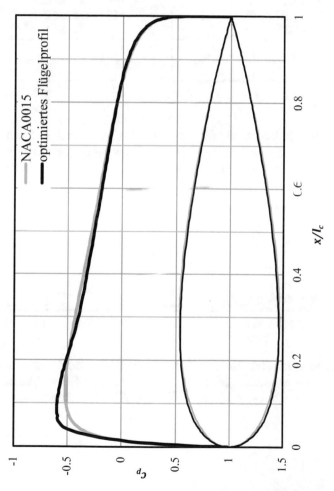

Abbildung A.1: Vergleich des Druckverlaufs und der Flügelkontur zwischen dem NACA0015 und optimierten Flügelprofil bei $\alpha = 0°$

A.2 Übertragungsverhalten des 20 % SAE Stufenheckmodells für verschiedene Anströmbedingungen

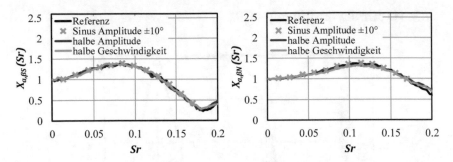

Abbildung A.2: Admittanz der Seitenkraft (links) und des Giermoments (rechts) für das 20 % SAE Stufenheckmodell unter verschiedenen Anströmbedingungen

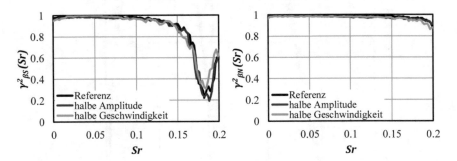

Abbildung A.3: Kohärenz der Seitenkraft (links) und des Giermoments (rechts) für das 20 % SAE Stufenheckmodell unter verschiedenen Anströmbedingungen

A.3 Übertragungsverhalten auf den Seitenflächen des SAE Vollheckmodells

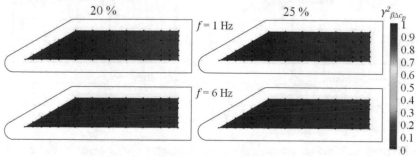

Abbildung A.4: Kohärenz auf der Seitenfläche für das 20 % (links) und 25 % (rechts) Vollheckmodell, 1 Hz (oben) 6 Hz (unten)

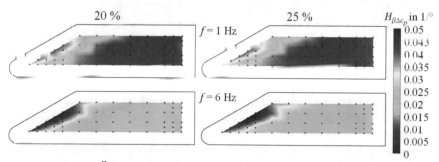

Abbildung A.5: Übertragungsfunktion auf der Seitenfläche für das 20 % (links) und 25 % (rechts) Vollheckmodell

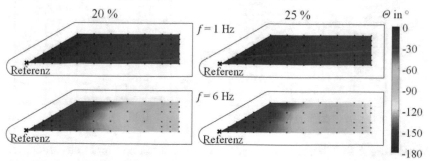

Abbildung A.6: Phasenbeziehung zwischen der ersten Druckmessstelle (Referenz) und allen übrigen Messstellen

A.4   Übertragungsverhalten des DrivAer Vollheckmodells

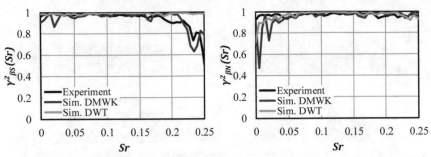

Abbildung A.7: Kohärenz zwischen Windanregung und resultierender Seitenkraft (links) beziehungsweise Giermoment (rechts)

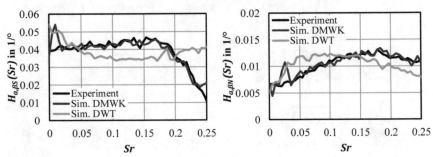

Abbildung A.8: Übertragungsfunktion der Seitenkraft (links) und des Giermoments (rechts) für das 25 % DrivAer Vollheckmodell

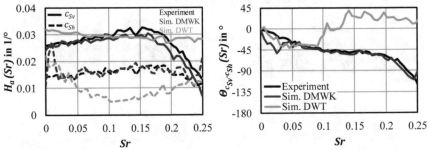

Abbildung A.9: Übertragungsfunktion der vorderen und hinteren Seitenkraft (links); Phasenbeziehung zwischen vorderer und hinterer Seitenkraft (rechts)

A.5 Druckmessstellen auf den SAE Referenzmodellen

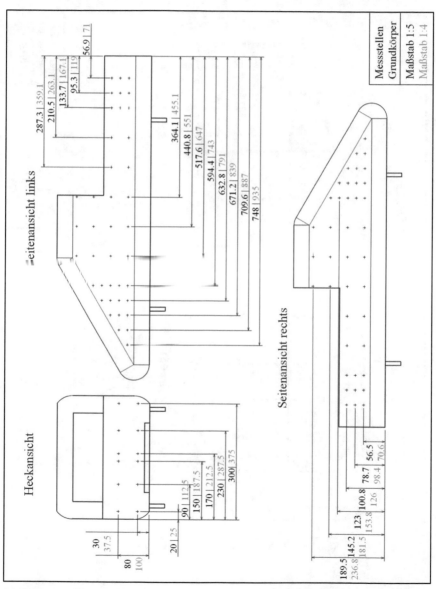

Abbildung A.10: Position der Druckmessstellen auf dem Grundkörper

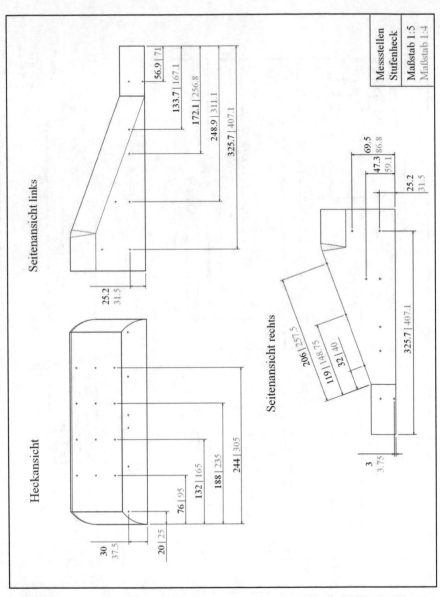

Abbildung A.11: Position der Druckmessstellen auf dem Stufenheckaufsatz

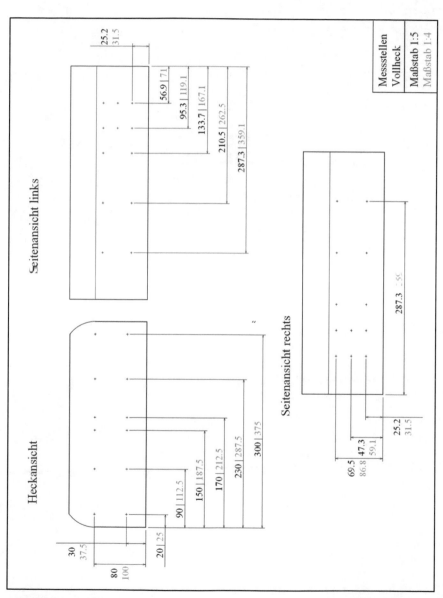

Abbildung A.12: Position der Druckmessstellen auf dem Vollheckaufsatz

Printed in the United States
By Bookmasters